もくじ

教育出版版
しょうがく　さんすう
1ねん　準拠

教科書の内容　ページ

1　いくつかな ①

／100てん

1 おなじ　かずを　せんで　むすびましょう。　1つ10〔40てん〕

① 
② 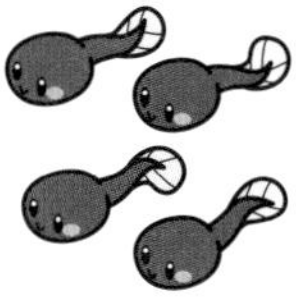
③ 
④ 

あ ●●●●
い ●●
う ●●●
え ●●●●●

2 かずを　すうじで　かきましょう。　1つ10〔60てん〕

① 
② 
③ 
④ 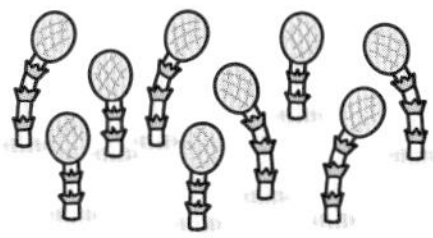
⑤ 
⑥ 

こたえは 65ページ

かくにん 1

きょうかしょ 9～17ページ

月　　日

10ぷん

1　いくつかな ①

／100てん

1 ●の　かずを　すうじで　かきましょう。

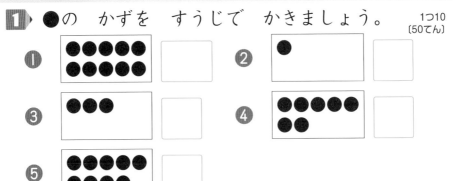

1つ10〔50てん〕

① ●●●●●
●●●●●　□

② ●　□

③ ●●●　□

④ ●●●●●
●●　□

⑤ ●●●●●
●●●●　□

2 かずを　すうじで　かきましょう。

1つ10〔50てん〕

① 

□

② 

□

③ 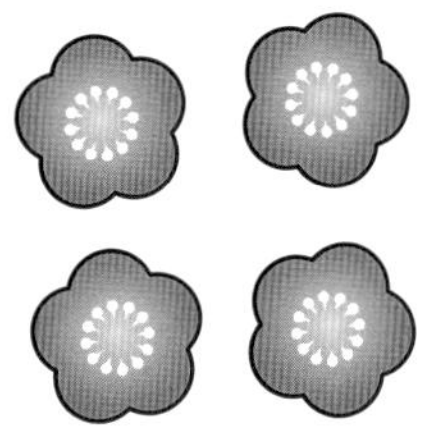

□

④ 

□

⑤ 

□

こたえは 65ページ

1　いくつかな ②

／100てん

1 かずが　おおい　ほうに　○(まる)を　つけましょう。

1つ10〔40てん〕

①

(　　)　(　　)

②
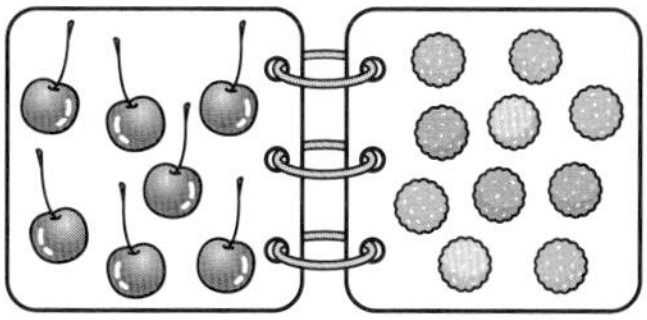
(　　)　(　　)

③
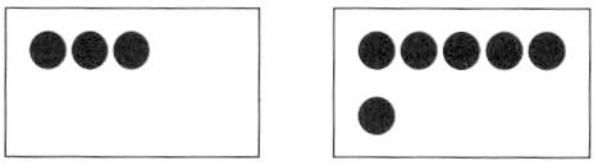
(　　)　(　　)

④
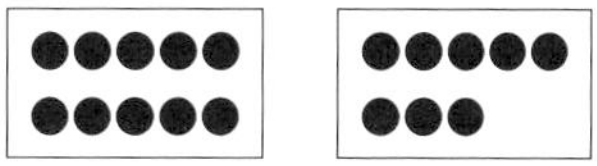
(　　)　(　　)

2 □(しかく)に　あてはまる　かずを　かきましょう。1つ15〔30てん〕

① 1 − 2 − □

② 5 − □ − 7

3 チューリップ(ちゅーりっぷ)の　かずを　かきましょう。1つ10〔30てん〕

①
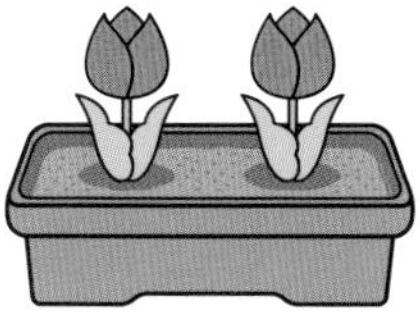
□

②

□

③
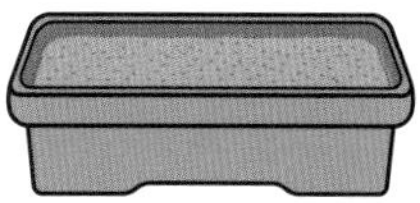
□

こたえは 65ページ

1　いくつかな ②

／100てん

1 ビスケット（びすけっと）を　たべました。おさらに　いくつ　のこって　いますか。　1つ10〔20てん〕

❶

□

❷

□

2 □（しかく）に　あてはまる　かずを　かきましょう。1つ20〔40てん〕

❶ □－1－2－3－□

❷ －6－□－8－9－□

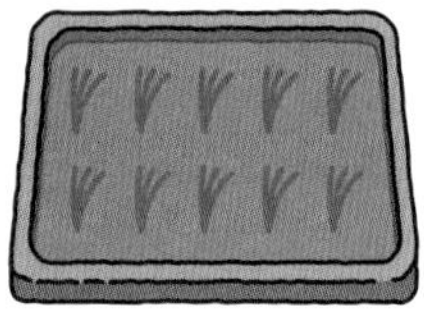

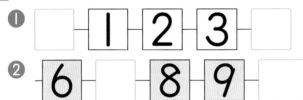

3 おおきい　ほうに　○（まる）を　つけましょう。1つ10〔40てん〕

❶ ●●●●　3
(　)　(　)

❷ ●●●●●
●●　8
(　)　(　)

❸ 5　7
(　)　(　)

❹ 9　6
(　)　(　)

こたえは 65ページ

2　なんばんめ

／100てん

1 もんだいに　あわせて、せんで　かこみましょう。

❶ まえから　5ひきめの　さかな　1つ20〔40てん〕

（まえ）

（うしろ）

❷ まえから　3びきの　さかな

（まえ）

（うしろ）

2 えを　みて　こたえましょう。　1つ20〔60てん〕

（うえ）

（した）

❶ うさぎは　うえから
なんばんめですか。

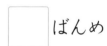

□ばんめ

❷ ねこは　したから
なんばんめですか。

□ばんめ

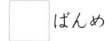

❸ うえから　4ばんめの
どうぶつは　したから
なんばんめですか。

□ばんめ

こたえは
65ページ

2　なんばんめ

／100てん

1 えを　みて　こたえましょう。　□と（　）1つ20〔60てん〕

❶ バス（ばす）は　うしろから　□　ばんめです。

（まえ）

（うしろ）

❷ りんごが　5こ　はいった　かごは、

みぎから　□　ばんめです。

りんごが　3こ　はいった　かごは、

（　　　　）から　4ばんめです。

（ひだり）
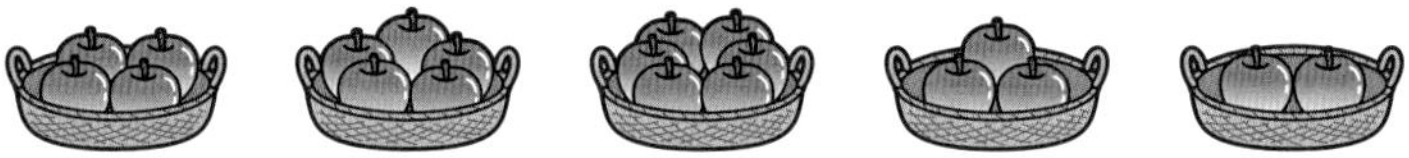
（みぎ）

2 えを　みて　こたえましょう。　1つ20〔40てん〕

（まえ）

（うしろ）

❶ まえから　りなさんまでで　□　にんです。

❷ りなさんは　まえから　□　ばんめです。

こたえは
65ページ

3　いま　なんじ

／100てん

1 とけいを　よみましょう。　❶20❷❸1つ10〔40てん〕

❶

（　　　　）

❷

（　　　　）

❸

（　　　　）

2 （　）に　あか　いを　かきましょう。　1つ20〔60てん〕

❶　10じはんの

とけいは　（　　）です。

あ

い

❷　5じはんの

とけいは　（　　）です。

あ

い

❸　2じはんの

とけいは　（　　）です。

あ

い

こたえは
65ページ

3 いま なんじ

／100てん

1 とけいを　よみましょう。　1つ10〔40てん〕

❶

（　　　）

❷

（　　　）

❸

（　　　）

❹

（　　　）

2 ながい　はりを　せんで　かきましょう。　1つ15〔60てん〕

❶ 6じ

❷ 1じはん

❸ 3じ

❹ 12じはん

こたえは
65ページ

4　いくつと　いくつ

／100てん

1 6は　いくつと　いくつですか。　1つ10〔40てん〕

①  1 と □

② 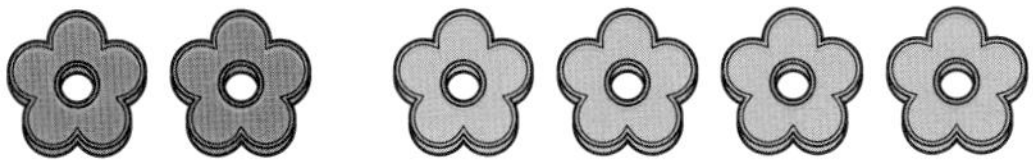 2 と □

③ 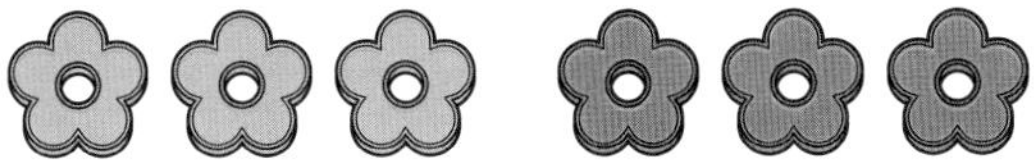 □ と 3

④  □ と 5

2 あわせて　10に　なる　ように、うえと
したを　せんで　むすびましょう。　1つ15〔60てん〕

①　②　③　④

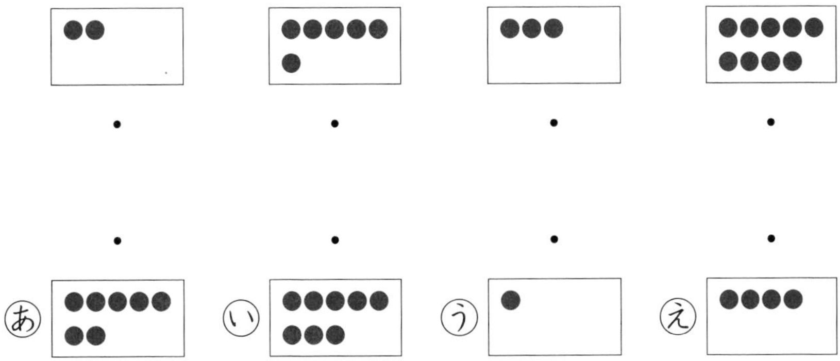

こたえは 66ページ

4 いくつと いくつ

／100てん

1 おはじきが □の かずだけ あります。てで かくして いるのは いくつですか。 1つ10〔30てん〕

❶ 5

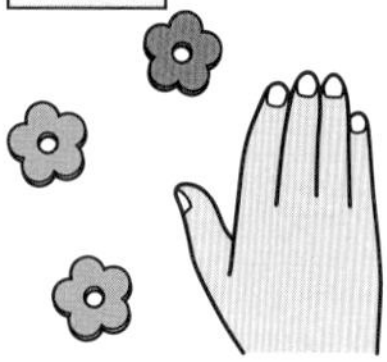

□

❷ 6

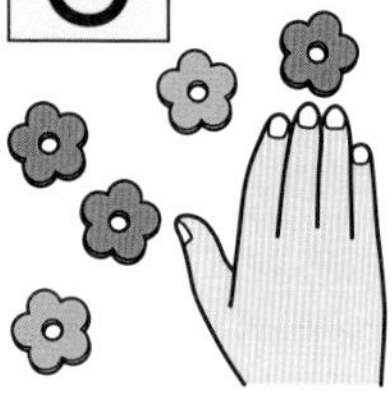

□

❸ 7

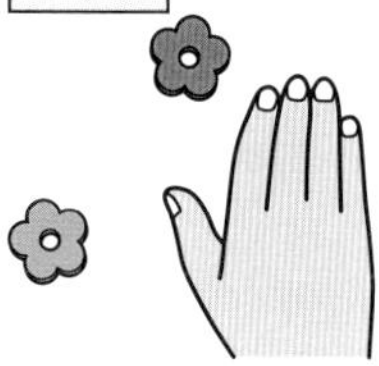

□

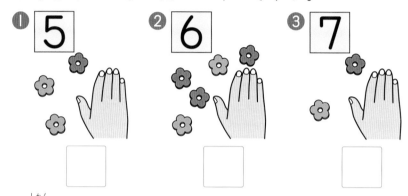

2 □（しかく）に あてはまる かずを かきましょう。1つ20〔60てん〕

❶ 5は 2と □、1と □、4と □

❷ 9は 8と □、4と □、3と □

❸ 8は 4と □、7と □、2と □

3 2つの かずで 10に します。たて、よこで みつけて せんで かこみましょう。 〔10てん〕

（れい）

1	9	3
8	5	7
4	6	2

1	2	8
6	5	7
4	9	3

こたえは 66ページ

5　ぜんぶで　いくつ①

／100てん

1 ふえると　いくつに　なりますか。　1つ20〔40てん〕

❶ はじめに 5わ　2わ くると

【しき】 5＋2＝□

こたえ □ わ

❷ はじめに 3こ　3こ ふえると

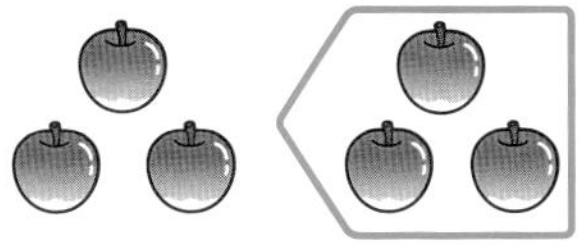

【しき】 3＋□＝□

こたえ □ こ

2 あわせると　いくつに　なりますか。　1つ20〔60てん〕

❶ 4ひき　1ぴき

【しき】 4＋□＝□

こたえ □ ひき

❷ 2ひき　2ひき

【しき】 □＋□＝□

こたえ □ ひき

❸ 1だい　3だい

【しき】 □＋□＝□

こたえ □ だい

こたえは 66ページ

5　ぜんぶで　いくつ ①

／100てん

1 ふえると　なんだいに　なりますか。　〔10てん〕

はじめに　8だい　　2だい　くると

【しき】 □ ＋ □ ＝ □　　こたえ □ だい

2 あわせると　なんびきに　なりますか。　〔10てん〕

3びき　　4ひき

【しき】 □ ＝ □　　こたえ □ ひき

3 けいさんを　しましょう。　1つ10〔80てん〕

❶ 1＋5　　❷ 7＋2　　❸ 4＋4

❹ 2＋3　　❺ 1＋1　　❻ 6＋3

❼ 4＋2　　❽ 3＋7

こたえは 66ページ

5　ぜんぶで　いくつ②

／100てん

1 あわせると　いくつに　なりますか。　1つ20〔60てん〕

❶ 5こ　2こ

【しき】□＋□＝□

こたえ □ こ

❷ 5こ　0こ

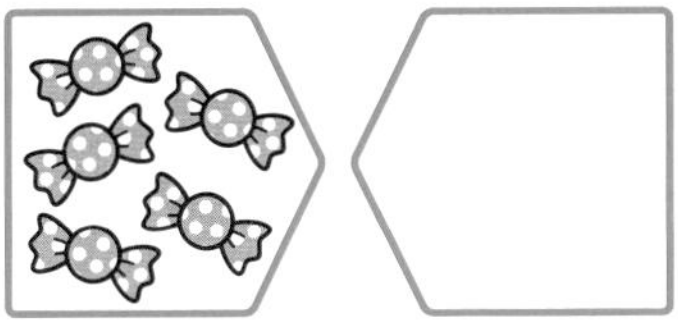

【しき】□＋□＝□

こたえ □ こ

❸ 0こ　1こ

【しき】□＋□＝□

こたえ □ こ

2 たしざんの　しきと　こたえの　カード（かーど）を せんで　むすびましょう。　1つ10〔40てん〕

❶ 3＋3　❷ 3＋6　❸ 2＋5　❹ 8＋2

Ⓐ（あ） 7　（い） 10　（う） 6　（え） 9

こたえは 66ページ

5 ぜんぶで いくつ ②

／100てん

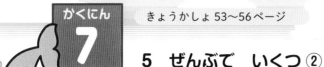

1 あかい はなが 4ほん あります。しろい はなが 4ほん あります。はなは、ぜんぶで なんぼん ありますか。〔20てん〕

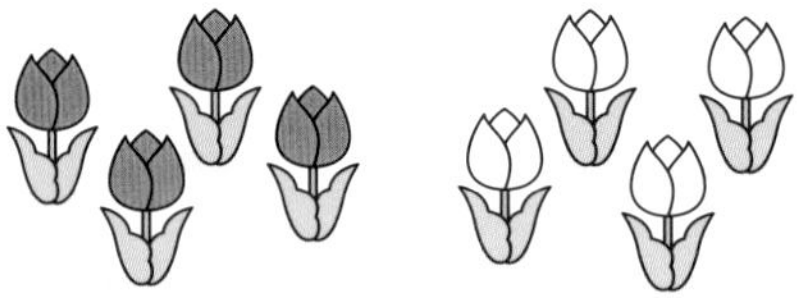

【しき】 □ ＋ □ ＝ □

こたえ □ ほん

2 おなじ こたえに なる しきを せんで むすびましょう。1つ5〔20てん〕

❶ 5＋2　❷ 1＋9　❸ 2＋6　❹ 4＋5

Ⓐ 6＋2　Ⓘ 3＋4　Ⓤ 0＋9　Ⓔ 3＋7

（Ⓐ＝あ、Ⓘ＝い、Ⓤ＝う、Ⓔ＝え）

3 けいさんを しましょう。1つ10〔60てん〕

❶ 1＋6　❷ 3＋5　❸ 6＋0

❹ 8＋0　❺ 0＋9　❻ 0＋0

こたえは 66ページ

6　のこりは　いくつ ①

／100てん

1 のこりは　いくつに　なりますか。　1つ15〔30てん〕

❶ はじめに 3びき → 2ひき　およいで　いくと

【しき】 3－2＝□

こたえ □ ぴき

❷ はじめに 6だい → 4だい　でて　いくと

【しき】 6－□＝□

こたえ □ だい

2 はなが　10ぽん　あります。あかい　はなは　5ほんです。しろい　はなは　なんぼん　ありますか。〔10てん〕

【しき】 □＝□　　こたえ □ ほん

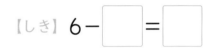

3 けいさんを　しましょう。　1つ10〔60てん〕

❶ 4－2　　❷ 5－2　　❸ 3－1

❹ 7－3　　❺ 8－2　　❻ 9－1

こたえは 66ページ

6 のこりは いくつ ①

／100てん

1 はとが 9わ います。5わ とんで いきました。
のこりは なんわに なりましたか。〔10てん〕

【しき】　　　　＝

こたえ　　わ

2 ジュース(じゅーす)が 8ほん あります。
6にんが 1ぽんずつ のみます。
ジュースは なんぼん のこりますか。〔10てん〕

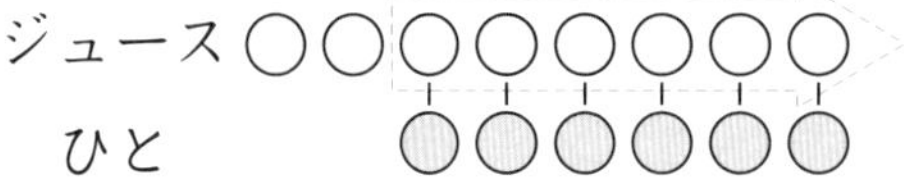

【しき】　　　　＝　　　　こたえ　　ほん

3 けいさんを しましょう。1つ10〔80てん〕

❶ 8−7　❷ 6−3　❸ 7−5

❹ 9−4　❺ 10−3　❻ 10−6

❼ 10−4　❽ 10−8

こたえは
66ページ

6　のこりは　いくつ②

／100てん

1 ひきざんの　しきと　こたえの　カードを　せんで　むすびましょう。　1つ10〔40てん〕

❶ 10−5　❷ 9−5　❸ 9−2　❹ 8−6

㋐ 5　㋑ 2　㋒ 4　㋓ 7

2 のこりは　なんびきですか。□に　あてはまる　かずを　かきましょう。　1つ20〔60てん〕

はじめに　2ひき　はいって　います。

❶ 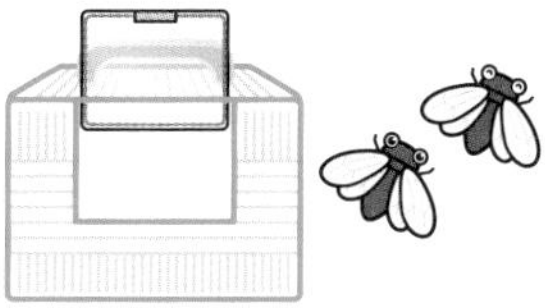

2ひき　にげて　いくと　2−□=□

❷ 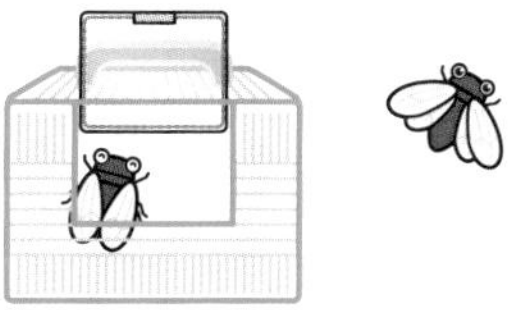

1ぴき　にげて　いくと　2−□=□

❸ 

にげて　いかないと　2−□=□

こたえは　67ページ

6　のこりは　いくつ②

／100てん

1 おなじ　こたえに　なる　しきを　せんで　むすびましょう。　1つ10〔40てん〕

❶ 5−4　❷ 10−6　❸ 3−1　❹ 9−6

㋐ 10−8　㋑ 4−1　㋒ 4−3　㋓ 5−1

2 こたえが　3に　なる　ひきざんの　カード（かーど）は　どれですか。　〔20てん〕

㋐ 8−7　㋑ 4−2　㋒ 10−7　㋓ 6−4

（　　　）

3 けいさんを　しましょう。　1つ5〔40てん〕

❶ 5−5　❷ 8−8　❸ 3−3

❹ 4−4　❺ 1−0　❻ 3−0

❼ 8−0　❽ 0−0

こたえは 67ページ

7　どれだけ　おおい

／100てん

1 はさみと　じょうぎは　どちらが　いくつ おおいですか。　□1つ10〔60てん〕

はさみは □ つ

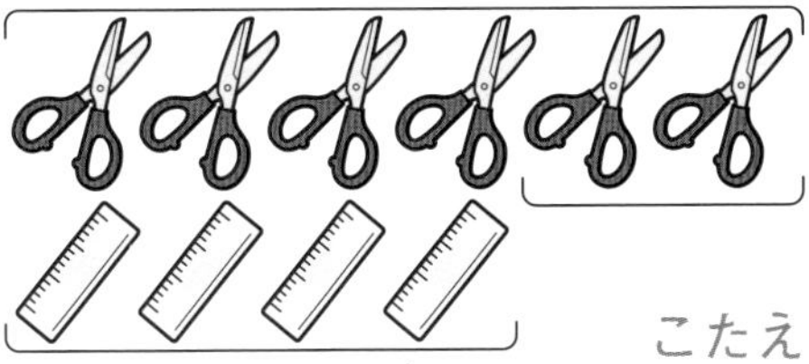

じょうぎは □ つ

【しき】 □ － □ ＝ □

こたえ　はさみが □ つ　おおい。

2 ドーナツは　ハンバーガーより　なんこ おおいですか。〔20てん〕

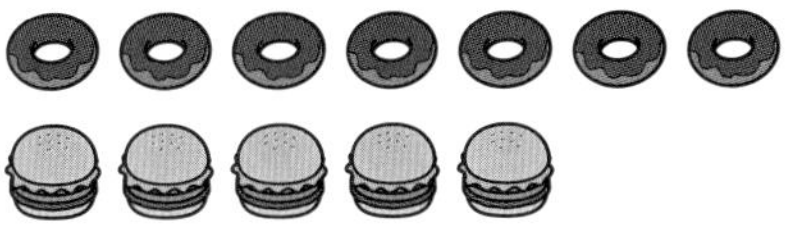

【しき】 □ － □ ＝ □

こたえ □ こ

3 あめと　ケーキの　かずの　ちがいは いくつですか。〔20てん〕

【しき】 □ － □ ＝ □

こたえ □ つ

こたえは 67ページ

7　どれだけ　おおい

／100てん

1 スプーン（すぷーん）は　なんぼん　たりませんか。〔10てん〕

【しき】□＝□　こたえ □ ほん

2 うさぎが　3びき、ひつじが　8ひき
います。ひつじは　うさぎより
なんびき　おおいですか。〔15てん〕

【しき】□＝□　こたえ □ ひき

3 こうえんで　1ねんせいが　6にん、
2ねんせいが　10にん　あそんで　います。
どちらが　なんにん　おおいですか。〔15てん〕

【しき】□＝□

こたえ（　　　　）が □ にん　おおい。

4 けいさんを　しましょう。1つ10〔60てん〕

❶ 10−1　❷ 9−2　❸ 8−4

❹ 6−5　❺ 7−6　❻ 10−5

こたえは
67ページ

8　10より　大きい　かず ①

／100てん

1 10と　あと　いくつでしょう。□（しかく）に あてはまる　かずを　かきましょう。　1つ10〔20てん〕

①

10と □

②

10と □

2 □に　あてはまる　かずを　かきましょう。　1つ20〔40てん〕

①
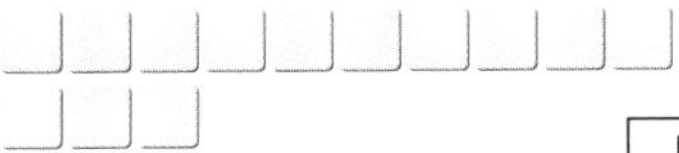

10 と □ で □

②
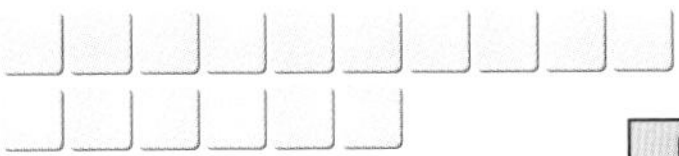

10 と □ で □

3 かずを　かきましょう。　1つ20〔40てん〕

①
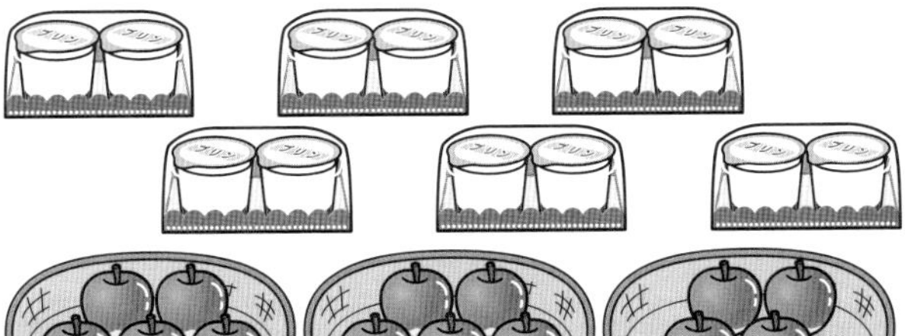

□

②
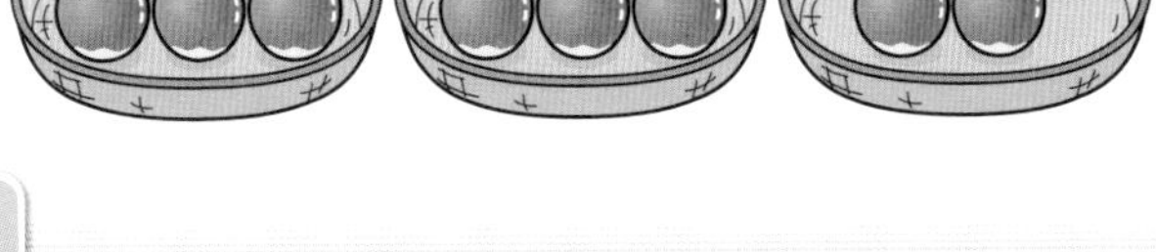

□

こたえは 67ページ

8　10より　大きい　かず ①

／100てん

1 かずを　かきましょう。　1つ10〔20てん〕

① 

□

② 

□

2 □（しかく）に　あてはまる　かずを　かきましょう。1つ10〔40てん〕

① 12 → 10 と □

② 15 → 10 と □

③ □ → 10 と 1

④ 18 → □ と 8

3 □に　あてはまる　かずを　かきましょう。1つ10〔40てん〕

① 10と　7で　□

② 10と　10で　□

③ 14は　10と　□

④ □は　10と　9

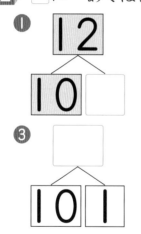

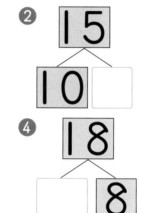

こたえは 67ページ

8　10より　大きい　かず ②

／100てん

1 かずのせんを　見(み)て、つぎの　かずを　かきましょう。　1つ20〔60てん〕

0　1　2　3　4　5　6　7　8　9　10　11　12　13　14　15　□　17　18　19　20

❶ かずのせんの　□(しかく)に　あてはまる　かず　□

❷ 11より　3　大(おお)きい　かず　□

❸ 15より　2　小(ちい)さい　かず　□

2 大きい　ほうに　○(まる)を　つけましょう。　1つ10〔20てん〕

❶ 20　15
(　)　(　)

❷ 28　18
(　)　(　)

3 □に　あてはまる　かずを　かきましょう。〔20てん〕

まえから　□　人(にん)

まえから　□　ばんめ

こたえは 67ページ

8　10より　大きい　かず ②

／100てん

1 □(しかく)に　あてはまる　かずを　かきましょう。1つ10〔40てん〕

❶ 13より　4　大(おお)きい　かずは　□

❷ 19より　7　小(ちい)さい　かずは　□

❸ 18は　15より　□　大きい　かず

❹ 14は　16より　□　小さい　かず

2 □に　あてはまる　かずを　かきましょう。1つ15〔30てん〕

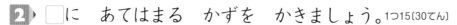

❶ 26 — 27 — □ — 29 — □

❷ □ — 19 — □ — 17 — 16

3 かずを　かきましょう。1つ15〔30てん〕

❶

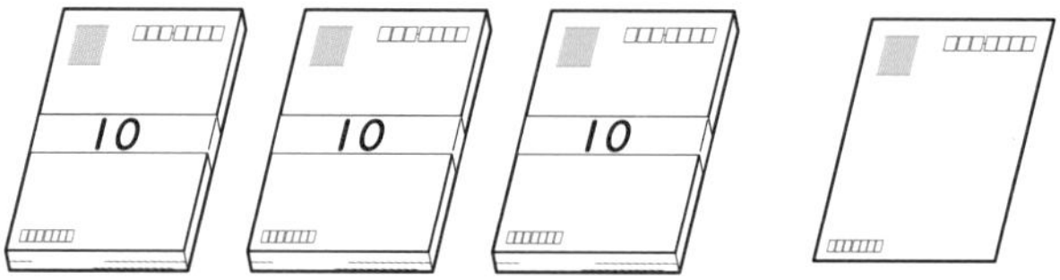

□

❷

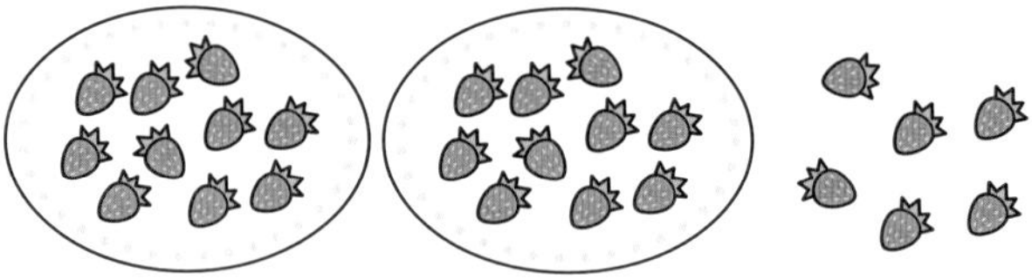

□

こたえは 67ページ

きほん 13

月　　日

10ぷん

8　10より　大きい　かず ③

／100てん

1 □（しかく）に　あてはまる　かずを　かきましょう。1つ5〔10てん〕

❶ 10に　8を　たした　かず

10＋8＝□

❷ 17から　7を　ひいた　かず

17－7＝□

2 けいさんを　しましょう。1つ10〔80てん〕

❶ 10＋6　　❷ 10＋4

❸ 9＋10　　❹ 5＋10

❺ 13－3　　❻ 18－8

❼ 14－4　　❽ 15－5

3 バナナが　12本（ほん）　あります。2本　たべました。あと　なん本　ありますか。〔10てん〕

【しき】

□－□＝□

こたえ□本

こたえは 68ページ

8　10より　大きい　かず③

／100てん

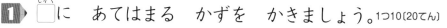

1 □（しかく）に　あてはまる　かずを　かきましょう。1つ10〔20てん〕

❶ 17に　2を　たした　かず

17＋2＝□

❷ 19から　5を　ひいた　かず

19−5＝□

2 けいさんを　しましょう。1つ5〔40てん〕

❶ 12＋5　❷ 15＋3

❸ 11＋4　❹ 16＋1

❺ 14−2　❻ 17−2

❼ 19−4　❽ 15−1

3 おなじ　こたえに　なる　しきを　せんで　むすびましょう。1つ10〔40てん〕

❶ 11＋8　❷ 15−2　❸ 19−3　❹ 12＋2

Ⓐ（あ） 17−3　（い） 18−2　（う） 13＋6　（え） 11＋2

こたえは
68ページ

9　かずを　せいりして

／100てん

1 えを　見(み)て　こたえましょう。　1つ25〔100てん〕

❶ くだものの　かずだけ　いろを　ぬりましょう。

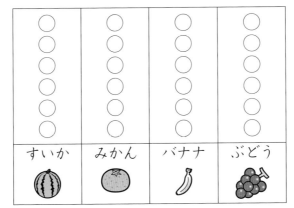

すいか	みかん	バナナ	ぶどう
○	○	○	○
○	○	○	○
○	○	○	○
○	○	○	○
○	○	○	○
○	○	○	○

❷ みかんは　なんこですか。　□こ

❸ おなじ　かずの　ものは　なにと　なにですか。

（　　　　）と（　　　　）

❹ いちばん　すくない　ものは　なにですか。

（　　　　）

こたえは
68ページ

9　かずを　せいりして

／100てん

1 えを　見(み)て　こたえましょう。　1つ25〔100てん〕

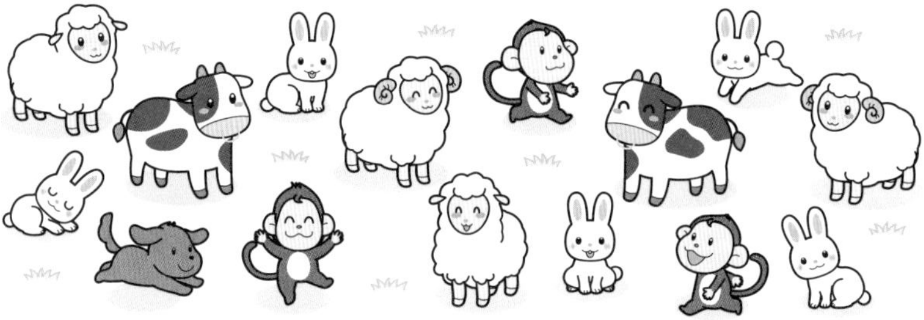

❶　どうぶつの　かずだけ　いろを　ぬりましょう。

○ ○ ○ ○ ○	○ ○ ○ ○ ○	○ ○ ○ ○ ○	○ ○ ○ ○ ○	○ ○ ○ ○ ○
うし 	いぬ 	うさぎ 	ひつじ 	さる 

❷　さるは　なんびき　いますか。　□ びき

❸　いちばん　たくさん　いる
どうぶつは　なにですか。　（　　　　）

❹　ひつじと　いぬでは、どちらが　なんびき
おおいですか。

（　　　　）が □ びき　おおい。

こたえは
68ページ

10　かたちあそび

／100てん

1 ①〜⑥は、下(した)の　Ⓐ〜Ⓔの　どの　かたちの　なかまですか。きごうを　かきましょう。　1つ15〔90てん〕

① ② ③ ④ ⑤ ⑥

（　）（　）（　）（　）（　）（　）

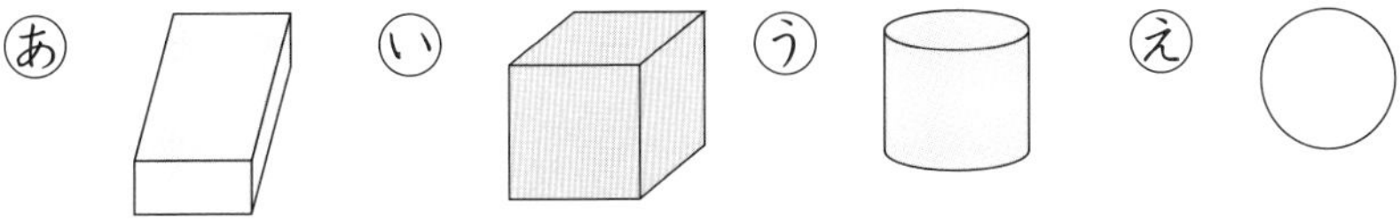

2 つみ木(き)で　右(みぎ)のような　タワーを　つくります。タワーの　つみ木と　おなじ　かたちの　つみ木は　どれですか。　〔10てん〕

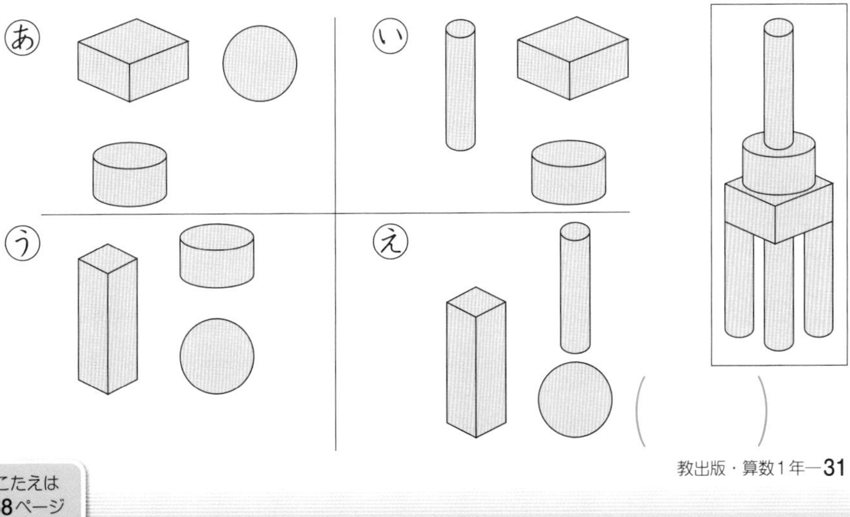

（　）

10　かたちあそび

／100てん

1 右の　ジュースの　かんは、ころがります。下の　①〜④の　うち　ころがる　かたちは　どれですか。（　）に　○を　つけましょう。〔40てん〕

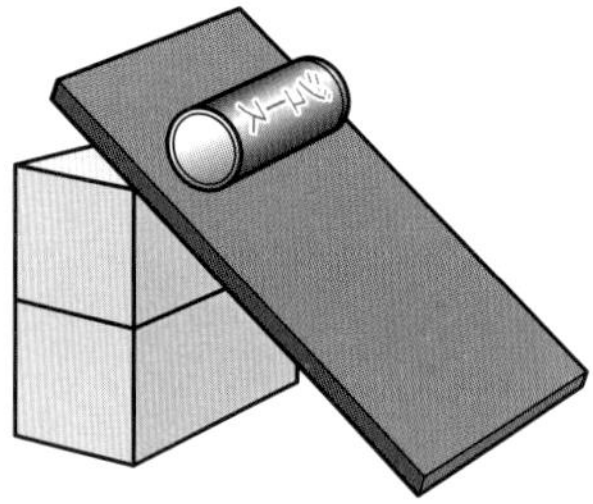

① 

（　　）

② 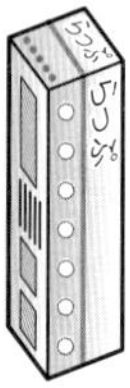
（　　）

③ 
（　　）

④ 

（　　）

2 右の　えの　①〜④は、どの　つみ木を　うつして　かきましたか。つかった　つみ木の　きごうを　かきましょう。1つ15〔60てん〕

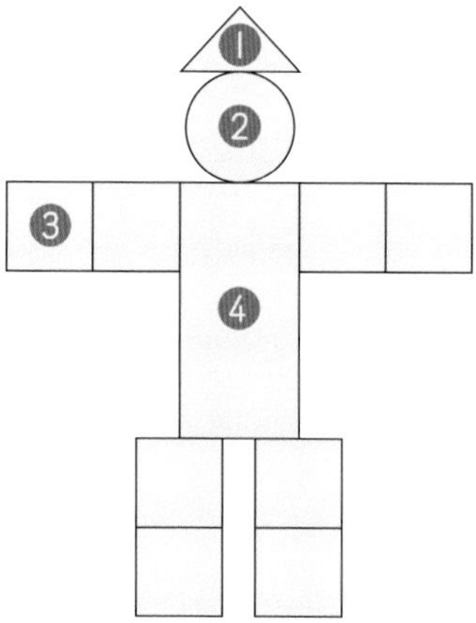

①（　　）　②（　　）　③（　　）　④（　　）

あ 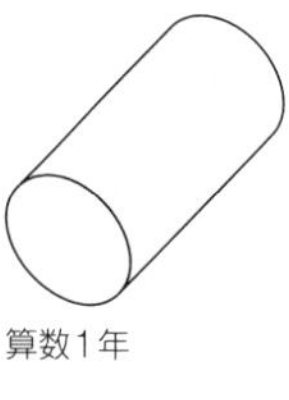

い 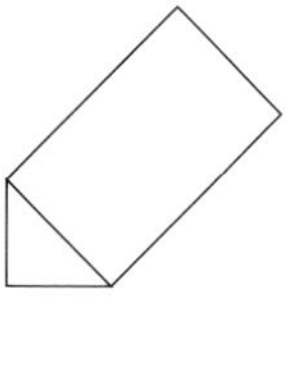

う 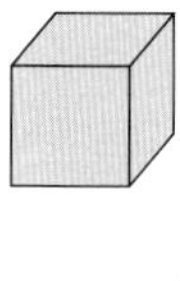

こたえは
68ページ

11　3つの　かずの　たしざん、ひきざん

／100てん

1 ねこが　2ひき　あそんで　いました。　〔10てん〕

4ひき　きました。　また　2ひき　きました。　みんなで　なんびきに　なりますか。

【しき】 2+4+□=□　　こたえ □ ひき

2 クッキーが　10こ　あります。りんさんは　5こ、いもうとは　3こ　たべました。クッキーは　なんこ　のこって　いますか。　〔10てん〕

【しき】 10−□−□=□　　こたえ □ こ

3 けいさんを　しましょう。　1つ10〔80てん〕

❶ 2+3+4　　❷ 3+7+5

❸ 9−2−5　　❹ 8−3−4

❺ 4+1−3　　❻ 7+1−2

❼ 6−5+2　　❽ 7−2+5

こたえは 68ページ

きょうかしょ 103〜109ページ

月　日

10ぷん

11　3つの　かずの　たしざん、ひきざん

／100てん

1 けいさんを　しましょう。　1つ10〔80てん〕

❶ 3＋1＋4　❷ 5＋5＋2

❸ 10－2－4　❹ 13－3－6

❺ 10＋6－2　❻ 18＋1－4

❼ 10－7＋5　❽ 17－7＋6

2 コインを　6まい　もって　います。おにいさんに　4まい、ともだちに　3まい　もらいました。なんまいに　なりましたか。　〔10てん〕

【しき】　＝　　こたえ　まい

3 ジュースが　8本（ほん）　あります。5本　のんだあと、3本　かって　きました。なん本に　なりましたか。　〔10てん〕

【しき】　＝　　こたえ　本

こたえは　68ページ

12　たしざん ①

／100てん

1 ずを　見(み)て、9＋5の　けいさんの　しかたを
かんがえましょう。　1つ5〔20てん〕

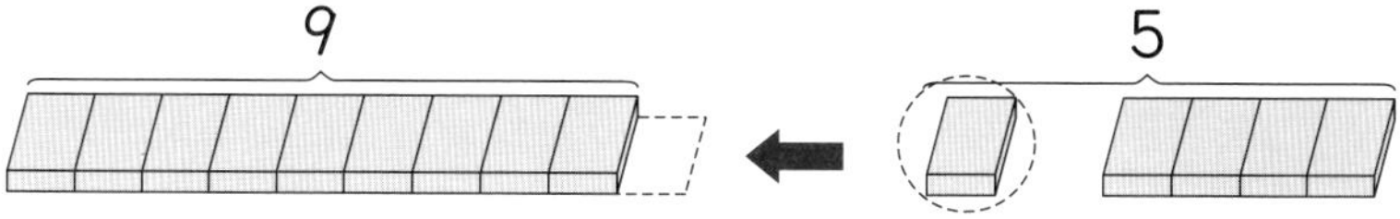

❶ 9は　あと □ で　10

❷ 5を □ と　4に　わける。

❸ 9と　1で □　❹ 10と　4で □

9＋5＝□
□ 4

2 おやの　ひつじが　9ひき、子(こ)どもの　ひつじが
4ひき　います。ぜんぶで　なんびき　いますか。　〔20てん〕

【しき】 □ ＝ □　こたえ □ びき

3 けいさんを　しましょう。　1つ10〔60てん〕

❶ 9＋2　❷ 8＋6

❸ 7＋4　❹ 9＋3

❺ 9＋5　❻ 8＋7

こたえは
69ページ

月　　日

10ぷん

12　たしざん ①

／100てん

1 けいさんを　しましょう。　1つ5〔30てん〕

❶ 7＋5　　❷ 9＋8

❸ 9＋7　　❹ 7＋7

❺ 9＋9　　❻ 7＋6

2 まん中（なか）の　かずに　まわりの　かずを　たしましょう。　□1つ5〔50てん〕

❶

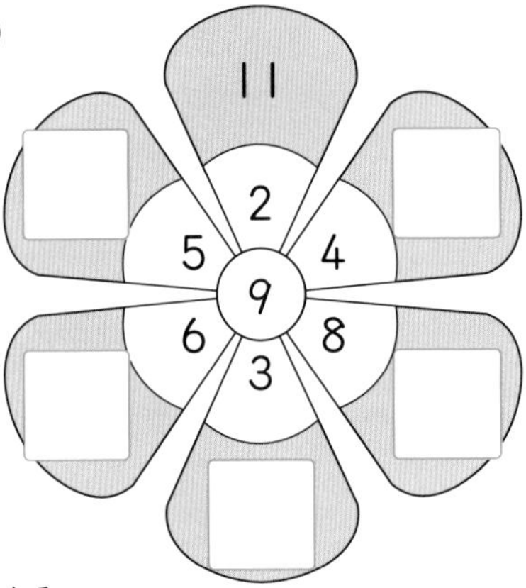

❷

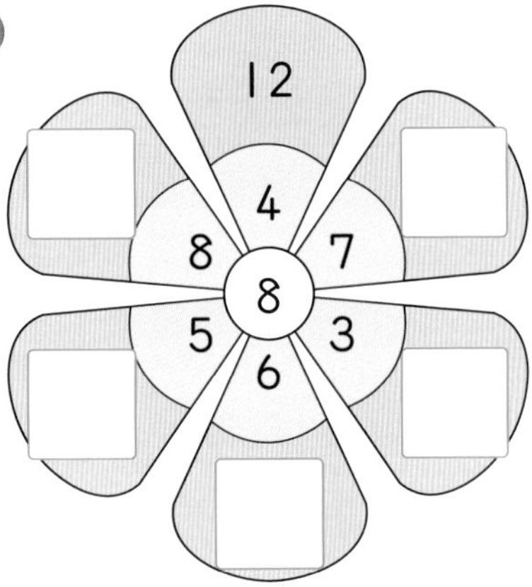

3 白（しろ）い　うさぎが　8ひき、ピンクいろの　うさぎが　7ひき　います。ぜんぶで　なんびき　いますか。　〔20てん〕

【しき】□＝□　　こたえ□ひき

こたえは
69ページ

12 たしざん ②

／100てん

1 ずを　見(み)て、けいさんを　しましょう。　1つ20〔40てん〕

❶

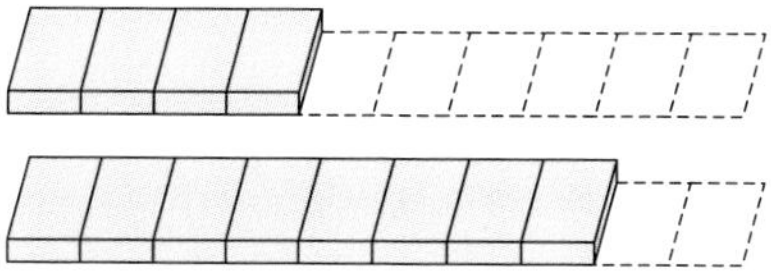

$4+8=$ □

❷

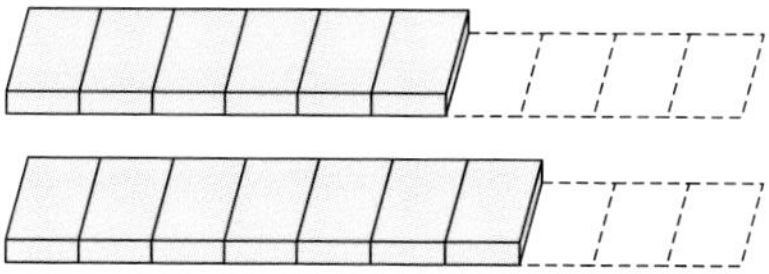

$6+7=$ □

2 サッカーの　せん手(しゅ)が　5人(にん)　います。
やきゅうの　せん手が　7人　います。あわせて
なん人　いますか。　〔20てん〕

5人　います。　　7人　います。

【しき】 □ ＝ □　　こたえ □ 人

3 けいさんを　しましょう。　1つ5〔40てん〕

❶ $5+6$　　❷ $5+8$

❸ $6+8$　　❹ $4+9$

❺ $2+9$　　❻ $5+9$

❼ $4+7$　　❽ $3+9$

こたえは
69ページ

12 たしざん ②

／100てん

1 けいさんを　しましょう。　1つ5〔40てん〕

❶ 5＋7　❷ 7＋9

❸ 6＋9　❹ 7＋8

❺ 6＋7　❻ 8＋9

❼ 8＋8　❽ 9＋9

2 こたえが　12に　なるように　□(しかく)に　かずを　かきましょう。　1つ10〔20てん〕

❶ 4＋□　❷ 6＋□

3 □に　あてはまる　かずは　3、4、6、8の　どれですか。　〔20てん〕

3＋□＝1

（すうじが　けしごむで　かくれて　います。）

4 赤(あか)い　おりがみが　4まい、白(しろ)い　おりがみが　7まい　あります。おりがみは　ぜんぶで　なんまい　ありますか。　〔20てん〕

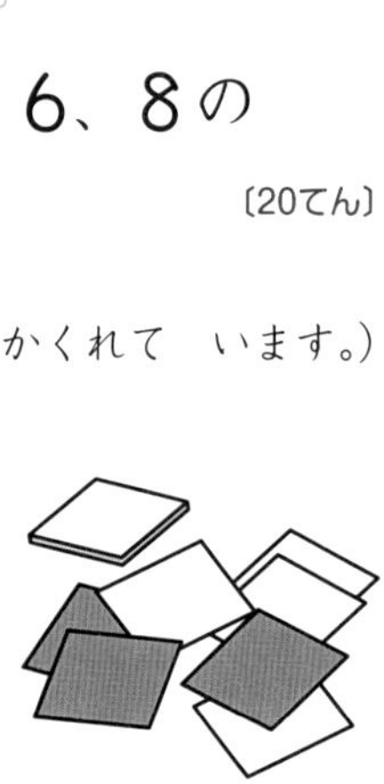

【しき】

こたえ □ まい

こたえは 69ページ

12 たしざん ③

／100てん

1 カードの おもてと うらを せんで むすびましょう。 1つ10〔40てん〕

❶ 3+9　❷ 4+7　❸ 9+8　❹ 6+8

Ⓐ 17　Ⓘ 14　Ⓤ 12　Ⓔ 11

(あ) 17　(い) 14　(う) 12　(え) 11

2 こたえが 15に なる たしざんの カードに ぜんぶ ○(まる)を つけましょう。 〔30てん〕

(あ) 9+5　(い) 8+7　(う) 5+8　(え) 6+9

(　)　(　)　(　)　(　)

3 こたえが 大(おお)きい ほうの カードに ○を つけましょう。 1つ15〔30てん〕

❶ 8+6　7+8　❷ 5+7　8+3

(　)　(　)　(　)　(　)

こたえは 69ページ

12　たしざん ③

／100てん

1 おなじ　こたえに　なる　しきを　せんで　むすびましょう。　1つ10〔40てん〕

❶ 7＋7　　❷ 9＋3　　❸ 6＋9　　❹ 4＋9

㋐ 7＋8　　㋑ 8＋5　　㋒ 5＋9　　㋓ 6＋6

2 こたえが　つぎの　かずに　なる　カードを　㋐～㋕から　えらび　ぜんぶ　かきましょう。　1つ20〔40てん〕

❶ 11（　　　　）　　❷ 16（　　　　）

㋐ 4＋8　　㋑ 9＋2　　㋒ 7＋9

㋓ 7＋4　　㋔ 8＋9　　㋕ 8＋8

3 金(きん)ぎょを　5ひき　かって　います。8ひき　もらいました。ぜんぶで　なんびきに　なりましたか。

〔20てん〕

【しき】　　　　＝　　　　こたえ　　　　ひき

こたえは 69ページ

13　ひきざん①

／100てん

1 ずを　見て、14−9の　けいさんの　しかたを　かんがえましょう。　1つ10〔20てん〕

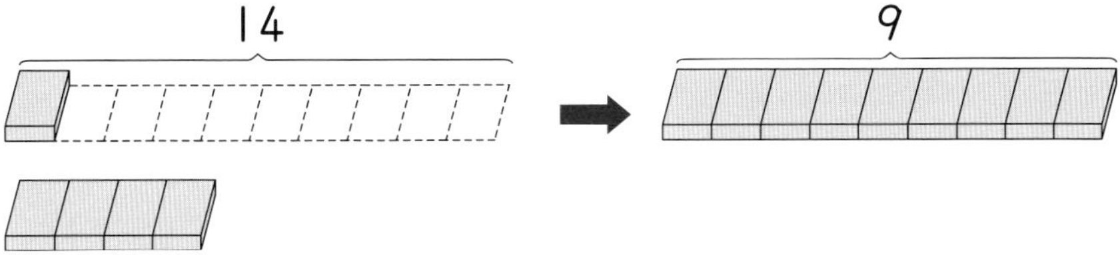

❶ 14の　中の　10から　□を　ひいて　1

❷ 1と　□で　□

2 貝がらを　13こ　もって　います。いもうとに　7こ　あげました。なんこ　のこって　いますか。　〔20てん〕

7こ　あげました。

【しき】□＝□　こたえ□こ

3 けいさんを　しましょう。　1つ10〔60てん〕

❶ 11−9　❷ 14−8　❸ 11−7

❹ 12−7　❺ 16−8　❻ 18−9

こたえは 70ページ

13　ひきざん ①

／100てん

1 けいさんを　しましょう。　1つ10〔80てん〕

❶ 11－8　❷ 17－9

❸ 13－7　❹ 16－7

❺ 12－8　❻ 15－9

❼ 13－9　❽ 17－8

2 15人(にん)で　こうえんに　いきました。おとなは　8人です。子(こ)どもは　なん人ですか。〔10てん〕

【しき】

こたえ □ 人

3 たこが　7ひき、いかが　14ひき　います。どちらが　なんびき　おおいですか。〔10てん〕

【しき】

こたえ（　　　　）が □ ひき　おおい。

こたえは 70ページ

13　ひきざん ②

／100てん

1 ずを　見て、けいさんを　しましょう。　1つ10〔20てん〕

❶

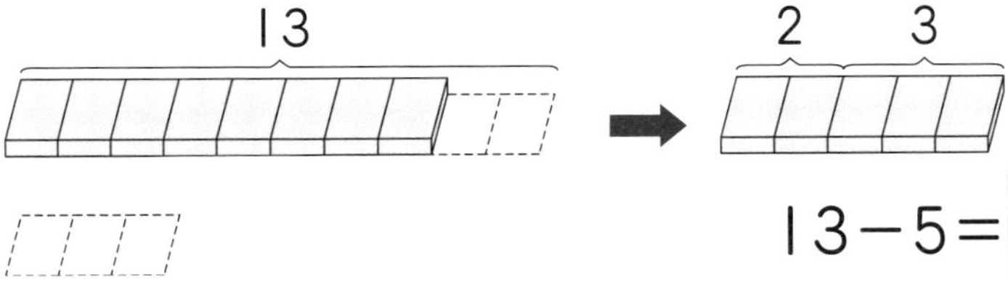

13－5=□

❷

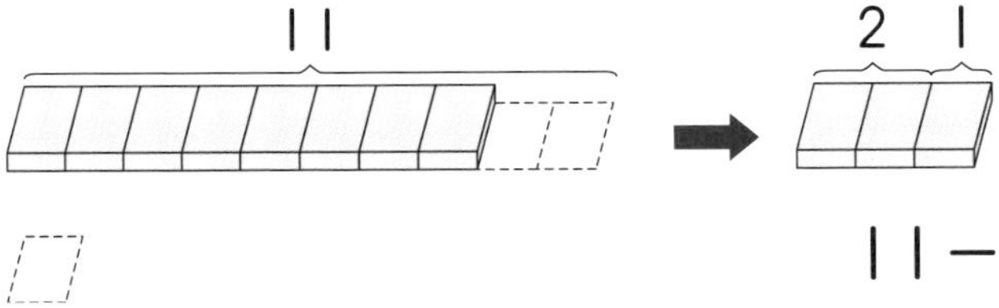

11－3=□

2 くりが　12こ　あります。4こ　たべました。
なんこ　のこって　いますか。　〔20てん〕

4こ　たべました。

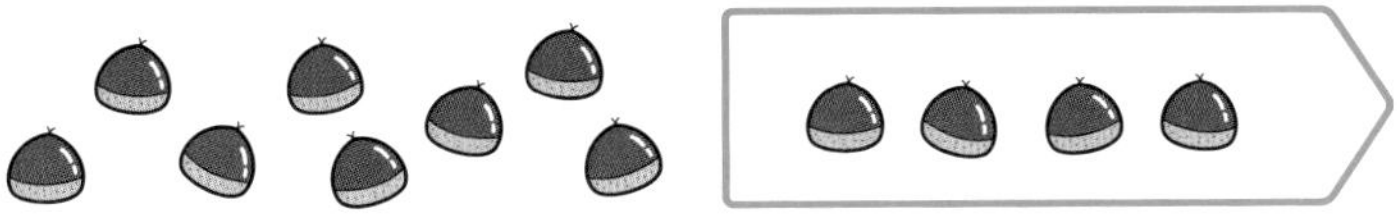

【しき】

こたえ□こ

3 けいさんを　しましょう。　1つ10〔60てん〕

❶ 11－4　❷ 13－4　❸ 12－5

❹ 14－6　❺ 13－6　❻ 11－5

こたえは
70ページ

13　ひきざん ②

／100てん

1 まん中の　かずから　まわりの　かずを　ひきましょう。　□1つ10〔60てん〕

❶

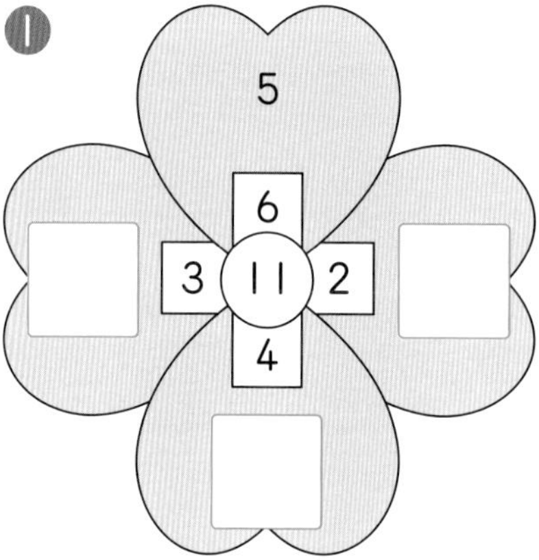

❷

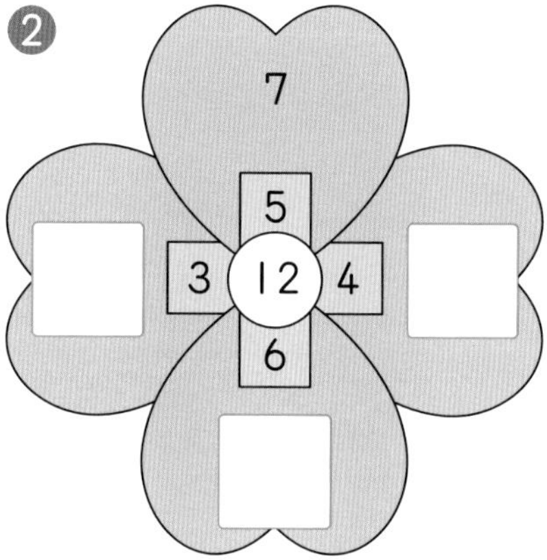

2 こたえが　8に　なるように　□に　かずを　かきましょう。　1つ10〔20てん〕

❶　13−□　　❷　14−□

3 えんぴつが　13本　あります。ペンが　6本　あります。どちらが　なん本　おおいですか。　〔20てん〕

【しき】

こたえ（　　　　　　）が　□本　おおい。

こたえは 70ページ

きほん 22

きょうかしょ 132～133ページ　　月　　日　　10ぷん

13　ひきざん ③

／100てん

1 カードの　おもてと　うらを　せんで　むすびましょう。　1つ15〔60てん〕

❶ 11－5　❷ 12－5　❸ 12－7　❹ 17－8

Ⓐ あ 7　い 9　う 6　え 5

2 こたえが　7に　なる　ひきざんの　カードに　ぜんぶ　○（まる）を　つけましょう。　〔20てん〕

あ 11－3　い 16－9　う 14－6　え 15－8

（　）（　）（　）（　）

3 こたえが　大（おお）きい　ほうの　カードに　○を　つけましょう。　1つ10〔20てん〕

❶ 13－4　13－6　❷ 11－7　12－7

（　）（　）（　）（　）

こたえは 70ページ

13　ひきざん ③

／100てん

1 おなじ　こたえに　なる　しきを　せんで　むすびましょう。　1つ10〔40てん〕

❶ 14－8　❷ 16－8　❸ 11－4　❹ 18－9

Ⓐ 15－7　Ⓘ 12－3　Ⓤ 12－6　Ⓔ 14－7

(あ) 15－7　(い) 12－3　(う) 12－6　(え) 14－7

2 こたえが　つぎの　かずに　なる　カードを　(あ)～(か)から　えらび　ぜんぶ　かきましょう。　1つ20〔40てん〕

❶ 9 (　　　)　❷ 6 (　　　)

(あ) 13－7　(い) 17－9　(う) 14－5

(え) 12－4　(お) 16－7　(か) 15－9

3 はとと　すずめが　ぜんぶで　13わ　います。その　うち、はとは　4わです。すずめは　なんわ　いますか。　〔20てん〕

【しき】　　　　＝　　　　こたえ　　　わ

こたえは 70ページ

月　　日

10ぷん

14　くらべかた ①

／100てん

1 いちばん　ながい　ものは　どれですか。　1つ20〔40てん〕

❶

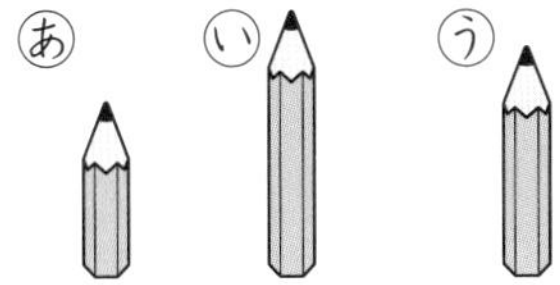

(　　　　)

❷

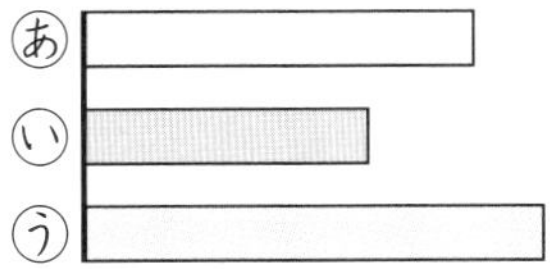

(　　　　)

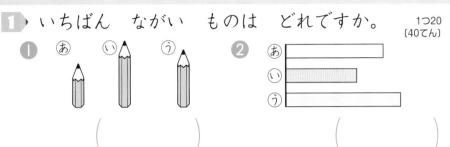

2 あと　いでは、どちらが　ながいでしょうか。　1つ20〔40てん〕

❶

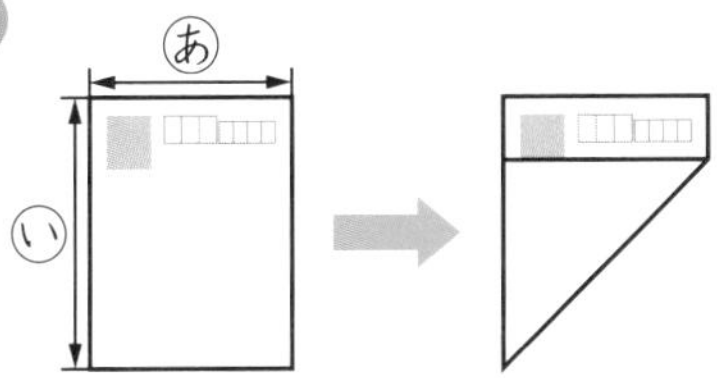

(　　　　)

❷

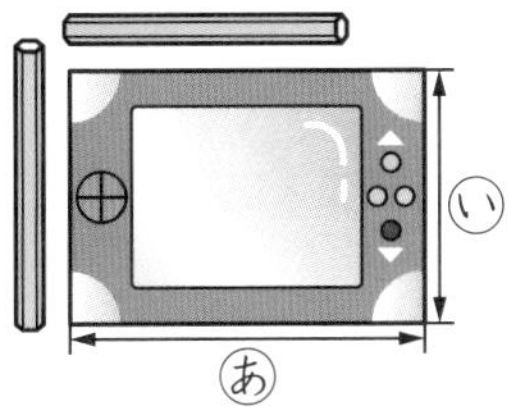

(　　　　)

3 いちばん　ながい　れっしゃは
どれですか。　〔20てん〕

(　　　　)

こたえは
71ページ

かくにん 23

きょうかしょ 136～141ページ　月　日　10ぷん

14　くらべかた ①

／100てん

1 ながさを　しらべましょう。　❶□1つ10❷10〔40てん〕

❶　㋐～㋒は、それぞれ　ますの　いくつぶんの　ながさですか。

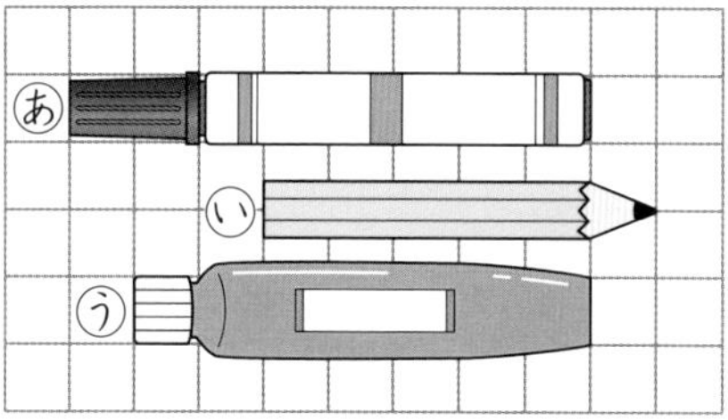

㋐ ますの □ こぶん

㋑ ますの □ こぶん

㋒ ますの □ こぶん

❷　㋐と　㋑では、どちらが　ますの　いくつぶん　ながいでしょうか。

（　　）が　ます □ こぶん　ながい。

2 たてと　よこでは、どちらが　ながいでしょうか。　1つ20〔40てん〕

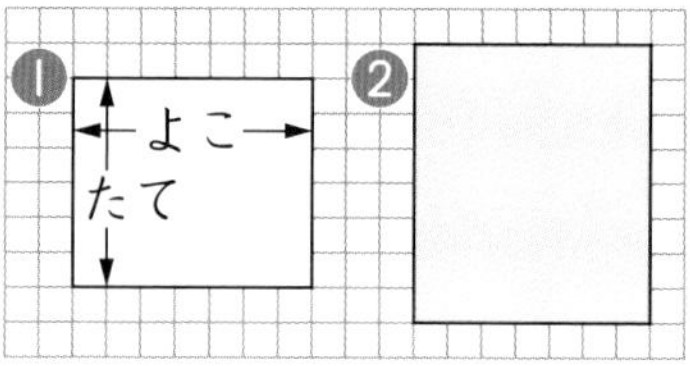

❶（　　　）　❷（　　　）

3 ながい　じゅんに、㋐～㋓の　きごうを　かきましょう。　〔20てん〕

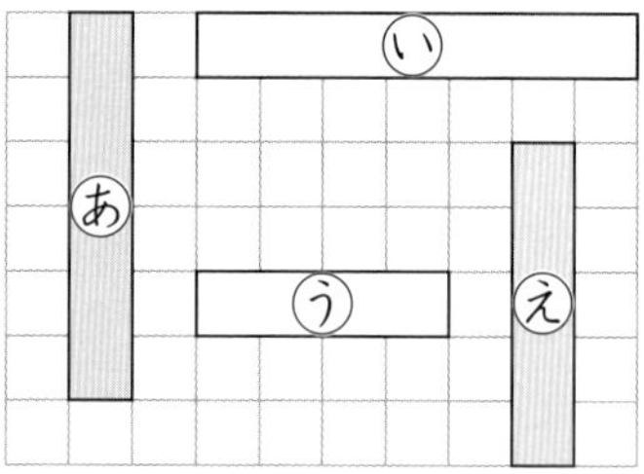

（　　→　　→　　→　　）

こたえは 71ページ

14 くらべかた ②

／100てん

1 水（みず）は　どちらに　おおく　入（はい）りますか。　1つ20〔40てん〕

①

あふれた

（　　　　）

②

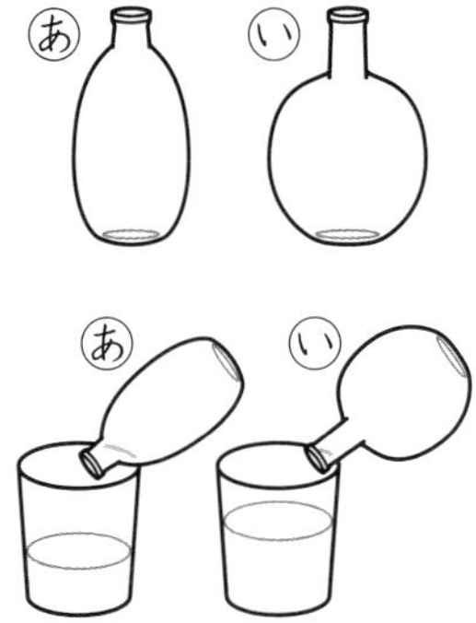

（　　　　）

2 じんとりゲームを　しました。いろを　ひろく　ぬった　人（ひと）が　かちです。どちらが　かちましたか。　1つ30〔60てん〕

①

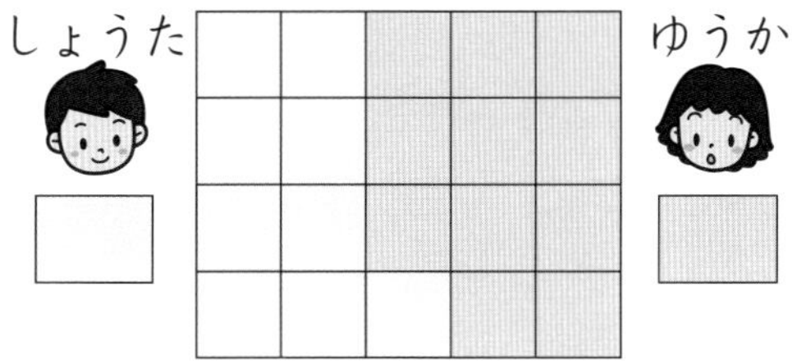

（　　　　）

②

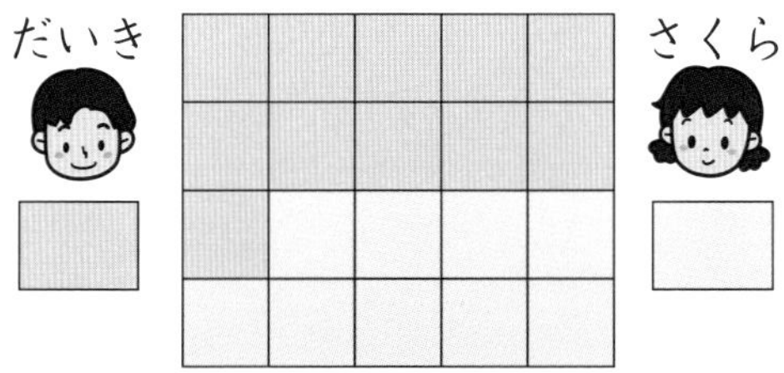

（　　　　）

こたえは 71ページ

14 くらべかた ②

／100てん

1 つぎの　もんだいに　こたえましょう。❶□1つ20❷20〔80てん〕

❶ あ〜うは、コップ　なんこぶんの　水(みず)が　入(はい)りますか。

あ □ こぶん　い □ こぶん　う □ こぶん

❷ 水が　いちばん　おおく　入るのは　あ〜うの　どれですか。（　　　）

2 ひろい　じゅんに　かきましょう。〔20てん〕

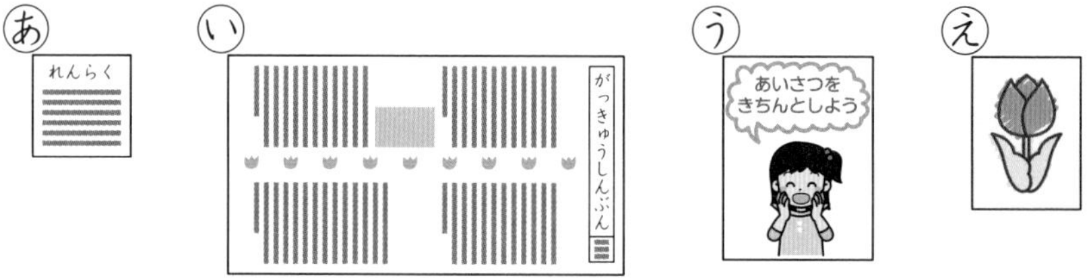

はしを　きちんと　あわせると…。

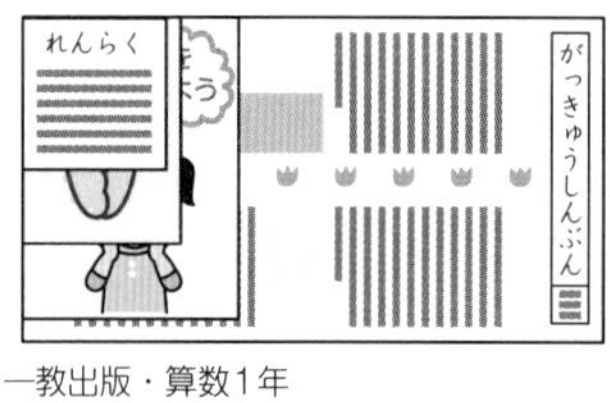

（　　→　　→　　→　　）

こたえは 71ページ

15 大きな かず ①

／100てん

1 なん円 ありますか。　1つ20〔40てん〕

❶ 

10円玉が □ まい　1円玉が □ まい　こたえ □ 円

❷ 

10円玉が □ まい　1円玉が □ まい　こたえ □ 円

2 □に あてはまる かずを かきましょう。1つ20〔60てん〕

❶ 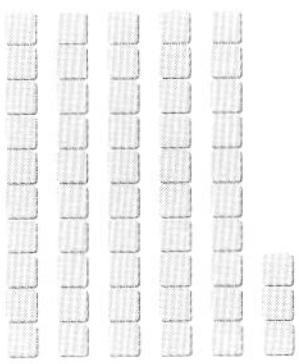

10を □ こと、1を 3こ

あわせた かずは □

❷ 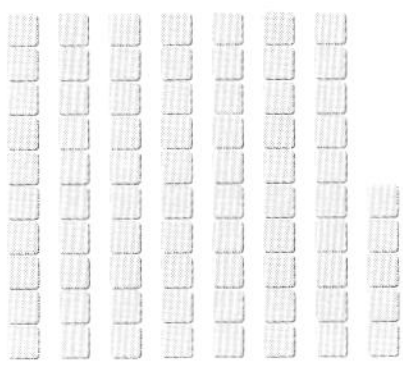

75は、□ を 7こと、

1を □ こ あわせた かず

❸ 82の 十のくらいの すう字は □ で、

一のくらいの すう字は □

こたえは 71ページ

15　大きな　かず ①

／100てん

1 いくつ　ありますか。　1つ20〔40てん〕

❶ 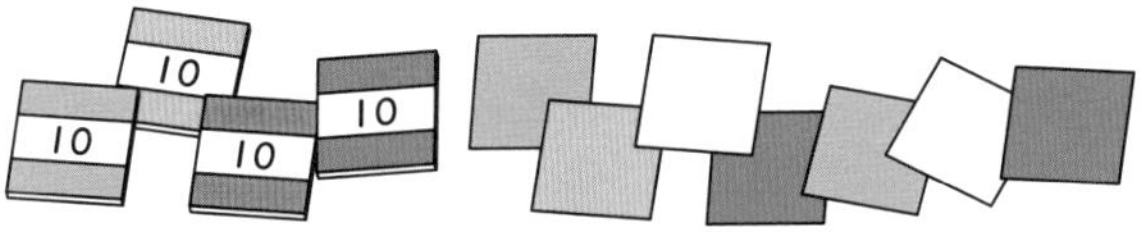

□ まい

❷ 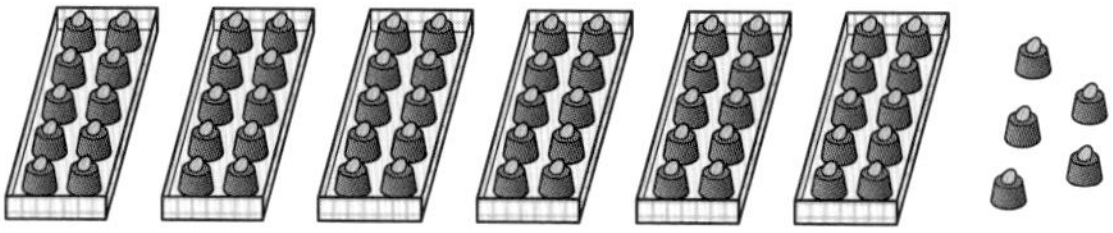

□ こ

2 □(しかく)に　あてはまる　かずを　かきましょう。　1つ10〔30てん〕

❶ 10を　9こ　あつめた　かずは　□　です。

❷ 46は、10を　□　こと、1を　□　こ　あわせた　かずです。

❸ 一(いち)のくらいの　すう字(じ)が　3、十(じゅう)のくらいの　すう字が　8の　かずは　□　です。

3 □に　あてはまる　かずを　かきましょう。　1つ10〔30てん〕

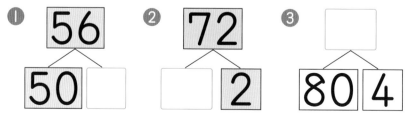

❶ 56 → 50　□

❷ 72 → □　2

❸ □ → 80　4

こたえは 71ページ

15　大きな　かず ②

／100てん

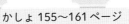

1 かずのせんの ①〜④の　めもりが　あらわす　かずを　かきましょう。　1つ10〔40てん〕

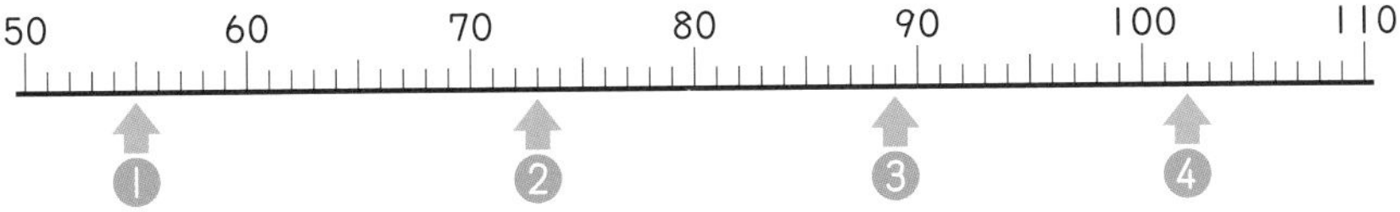

① □　② □　③ □　④ □

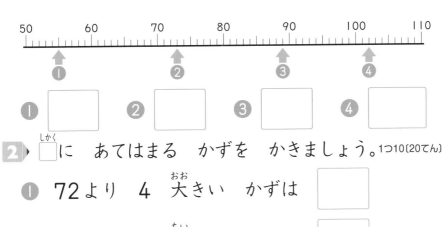

2 □(しかく)に　あてはまる　かずを　かきましょう。1つ10〔20てん〕

① 72より　4　大(おお)きい　かずは □

② 85より　3　小(ちい)さい　かずは □

3 いくつ　ありますか。　1つ10〔20てん〕

①

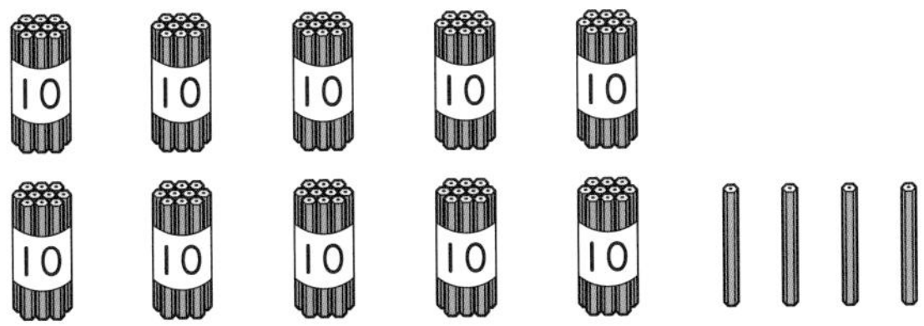

□ 本(ほん)

②

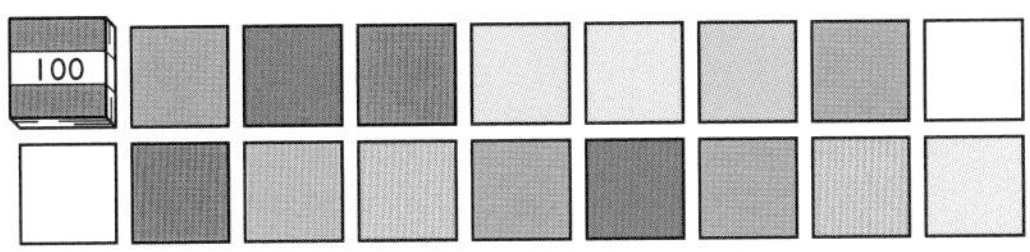

□ まい

4 ㋐、㋑の　どちらが　大きいですか。　1つ10〔20てん〕

① ㋐56　㋑63　(　　)　② ㋐110　㋑101　(　　)

こたえは 71ページ

15　大きな　かず ②

／100てん

1 ぜんぶで　なん円ですか。〔20てん〕

□円

2 □に　あてはまる　かずを　かきましょう。1つ10〔30てん〕

① □より　1　大きい　かずは　100

② 120より　3　大きい　かずは　□

③ 110より　10　小さい　かずは　□

3 ㋐、㋑の　どちらが　大きいですか。1つ10〔20てん〕

① ㋐ 102　㋑ 98　（　　）　② ㋐ 117　㋑ 124　（　　）

4 □に　あてはまる　かずを　かきましょう。1つ10〔30てん〕

① －103－102－□－□－99－□－

② －70－□－90－100－□－□－

③ －85－□－95－100－□－□－

こたえは
71ページ

15 大きな かず ③

／100てん

1 いろがみは なんまい ありますか。 1つ15〔30てん〕

① 20＋60

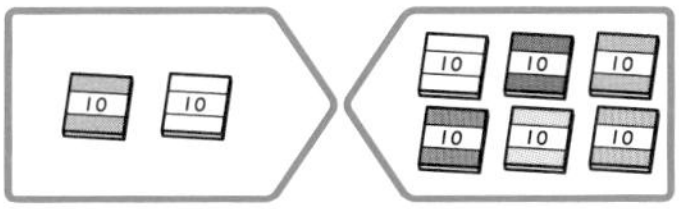

□まい

② 70−40

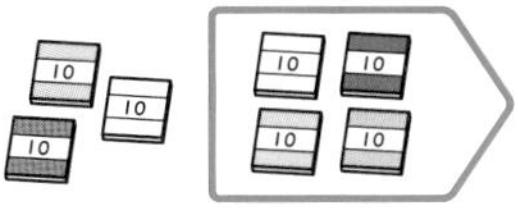

□まい

2 □（しかく）に あてはまる かずを かきましょう。1つ15〔30てん〕

①

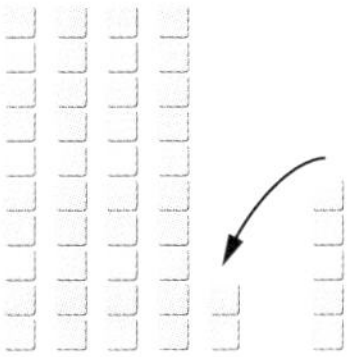

42に 5を たした かず

□＋□＝□

②

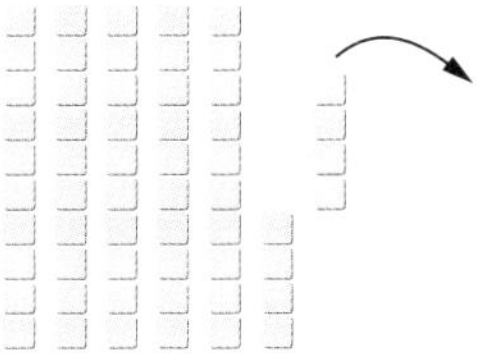

58から 4を ひいた かず

□−□＝□

3 けいさんを しましょう。 1つ5〔40てん〕

① 10＋50　② 40＋60

③ 32＋4　④ 5＋71

⑤ 50−20　⑥ 90−10

⑦ 88−6　⑧ 75−5

こたえは 71ページ

15　大きな　かず ③

／100てん

1 くろい　ペンが　40本(ぽん)、赤(あか)い　ペンが　10本　あります。ぜんぶで　なん本ですか。〔25てん〕

【しき】

こたえ □ 本

2 クッキーが　52こ　あります。2こ　たべると、のこりは　なんこですか。〔25てん〕

【しき】

こたえ □ こ

3 けいさんを　しましょう。1つ5〔50てん〕

❶ 70＋30　　❷ 20＋50

❸ 64＋4　　❹ 7＋81

❺ 9＋30　　❻ 60－10

❼ 80－70　　❽ 45－4

❾ 96－1　　❿ 53－3

こたえは 71ページ

16　なんじなんぷん

／100てん

1 とけいを　よみましょう。

1つ20〔60てん〕

❶

（　　　　　　　　　）

❷

（　　　　　　　　　）

❸

（　　　　　　　　　）

2 ながい　はりを　せんで　かきましょう。

1つ20〔40てん〕

❶ 9じ15ふん

❷ 11：40

こたえは
71ページ

月　　日

10ぷん

16　なんじなんぷん

／100てん

1 とけいを　よみましょう。

1つ20〔40てん〕

①

(　　　　　　)

②

(　　　　　　)

2 ながい　はりを　せんで　かきましょう。

1つ15〔30てん〕

① 3じ41ぷん

② 7：53

3 せんで　むすびましょう。

1つ10〔30てん〕

①

②

③

㋐ 2じ34ぷん　　㋑ 5じ6ぷん　　㋒ 11：18

こたえは 72ページ

17　どんな　しきに　なるかな

／100てん

1 ゆうさんは　まえから　5ばんめに　います。ゆうさんの　うしろには　4人（にん）　います。ぜんぶで　なん人　いますか。〔30てん〕【しき】

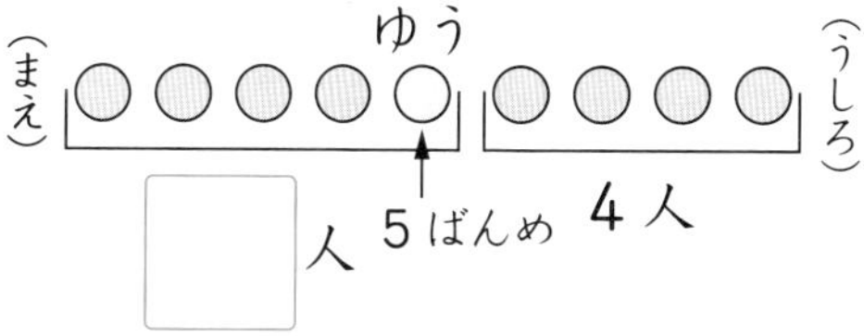

こたえ □ 人

2 9人　ならんで　います。りくさんは　まえから　6ばんめです。りくさんの　うしろには　なん人　いますか。〔30てん〕【しき】

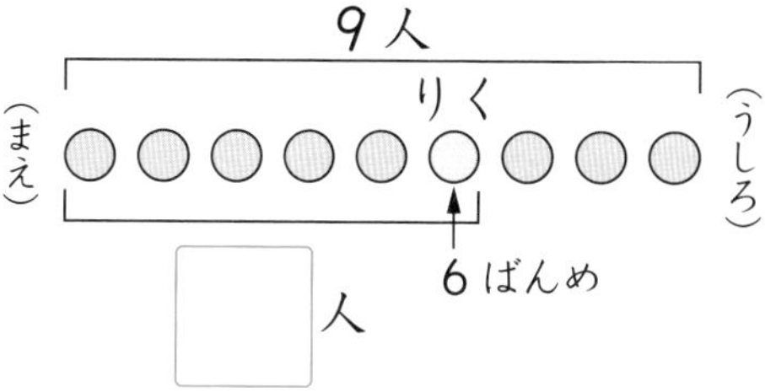

こたえ □ 人

3 トマトを　7こ　かいました。たまねぎは　トマトより　3こ　おおく　かいました。たまねぎを　なんこ　かいましたか。〔40てん〕

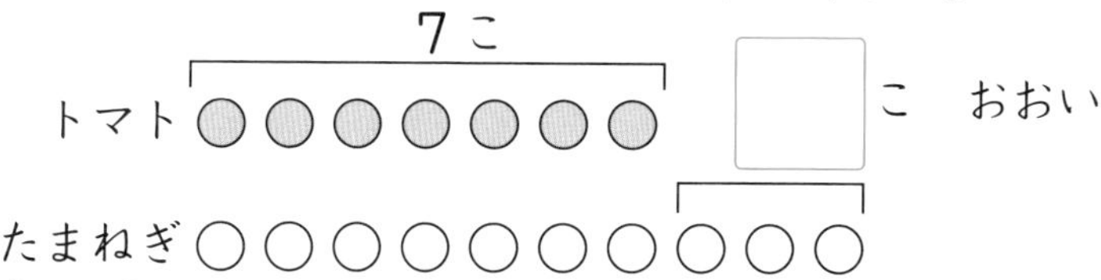

【しき】

こたえ □ こ

こたえは 72ページ

月　　日　　10ぷん

17　どんな　しきに　なるかな

／100てん

1 8人（にん）　ならんで　います。まおさんの　うしろには　3人　います。まおさんは　まえから　なんばんめですか。〔30てん〕【しき】

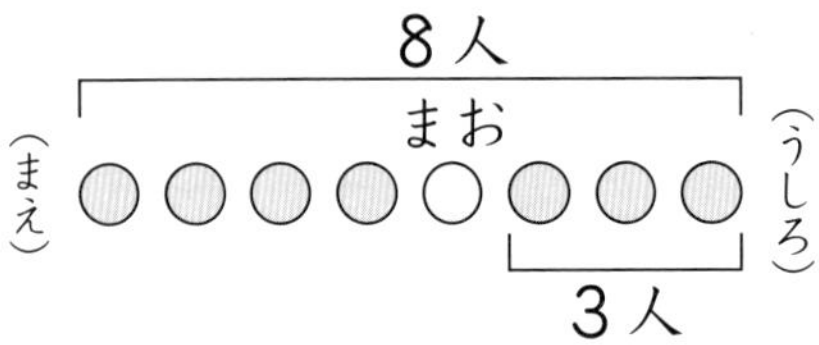

こたえ □ ばんめ

2 6人が　かさを　もって　います。かさは　あと　3本（ぼん）　あります。かさは　ぜんぶで　なん本　ありますか。〔30てん〕【しき】

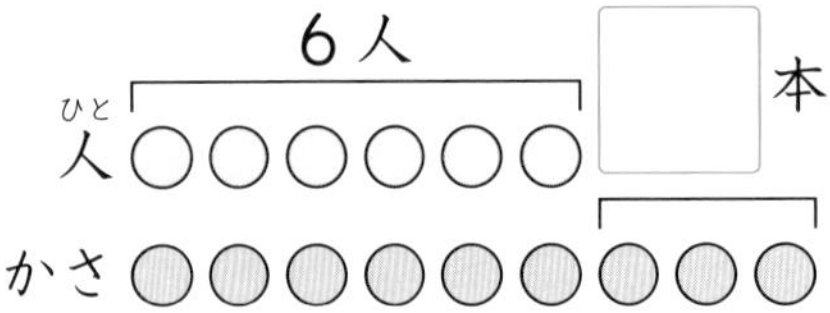

こたえ □ 本

3 さらが　7まい　ありました。ケーキは　さらより　1こ　すくなかったそうです。ケーキは　なんこ　ありましたか。〔40てん〕

【しき】

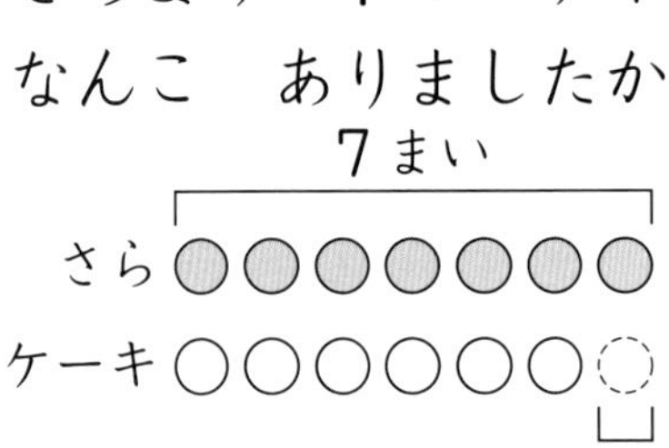

□ こ　すくない

こたえ □ こ

こたえは 72ページ

18　かたちづくり

／100てん

1 下(した)の　かたちは　Ⓐの　いろいたを　なんまい　つかうと　できますか。　1つ20〔80てん〕

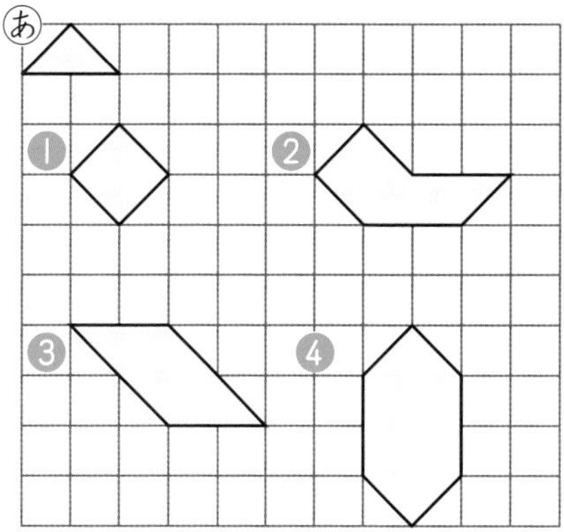

① □ まい

② □ まい

③ □ まい

④ □ まい

2 右(みぎ)の　かたちは　あ〜うの　かたちを　なんまい　つかいますか。　〔20てん〕

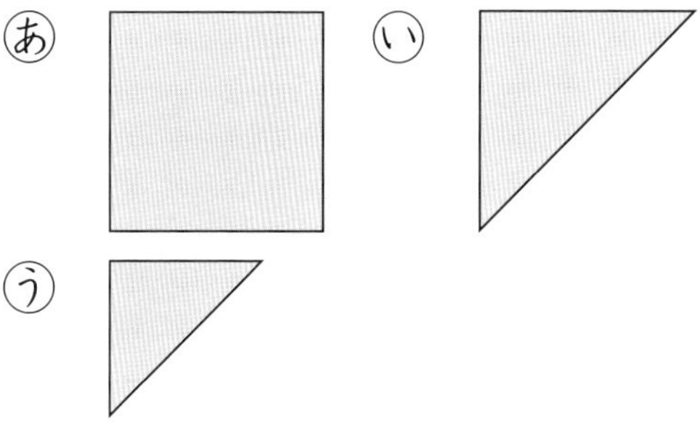

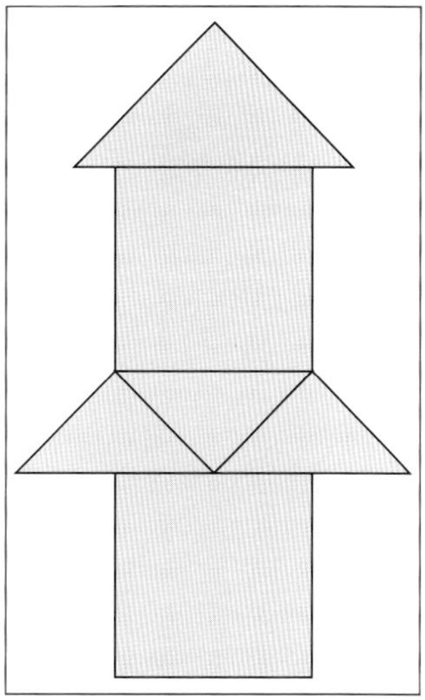

あが □ まい　いが □ まい　うが □ まい

こたえは 72ページ

月　　日　　10ぷん

18 かたちづくり

／100てん

1 はじめの　かたちを、いろいた（　）を　|まいずつ　うごかして　おわりの　かたちに　します。あ〜うを　じゅんに　ならべましょう。〔50てん〕

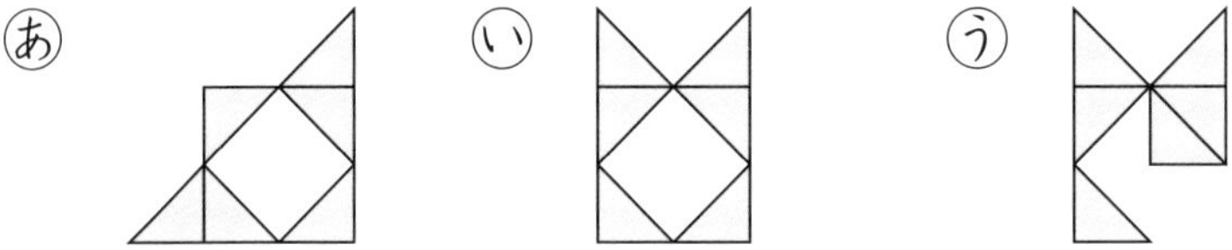

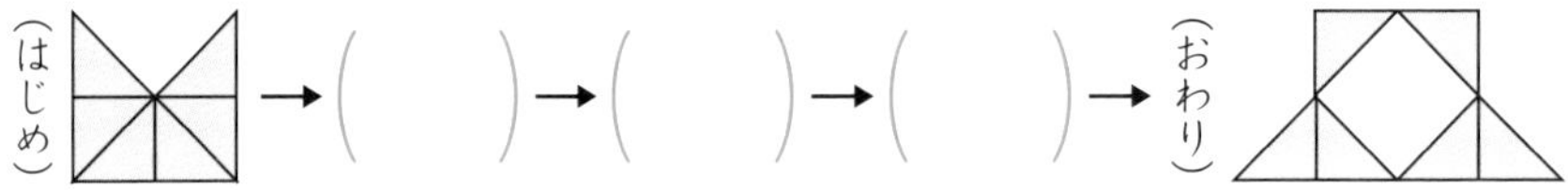

2 おなじ　かたちを　かきましょう。　1つ25〔50てん〕

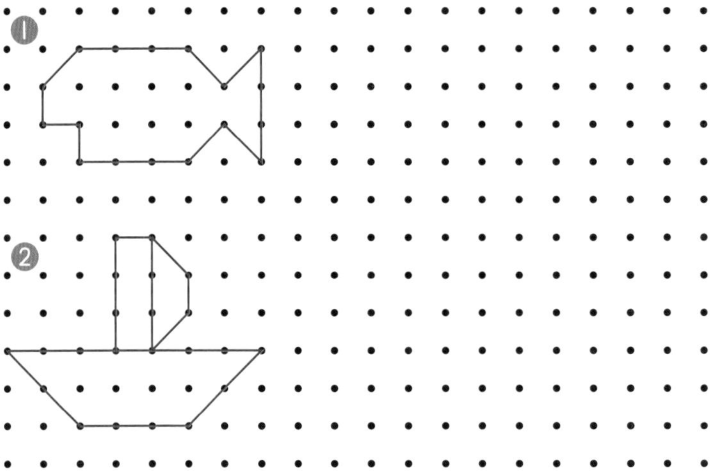

こたえは 72ページ

力(ちから)だめし①

／100てん

1 けいさんを　しましょう。　1つ5〔30てん〕

❶ 9+6　　❷ 7+8

❸ 13−7　　❹ 16−8

❺ 10−1−7　　❻ 9−3+2

2 大(おお)きい　ほうに　○(まる)を　つけましょう。　1つ10〔20てん〕

❶ 87　69
(　)　(　)

❷ 39　40
(　)　(　)

3 □(しかく)に　あてはまる　かずを　かきましょう。1つ10〔30てん〕

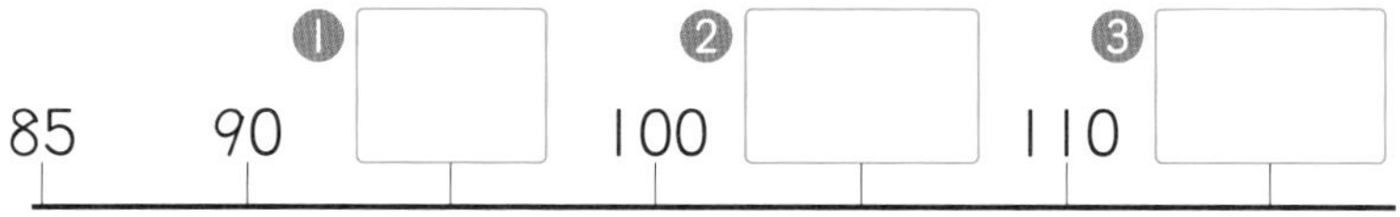

4 ながい　じゅんに、1～3の
ばんごうを　かきましょう。　〔20てん〕

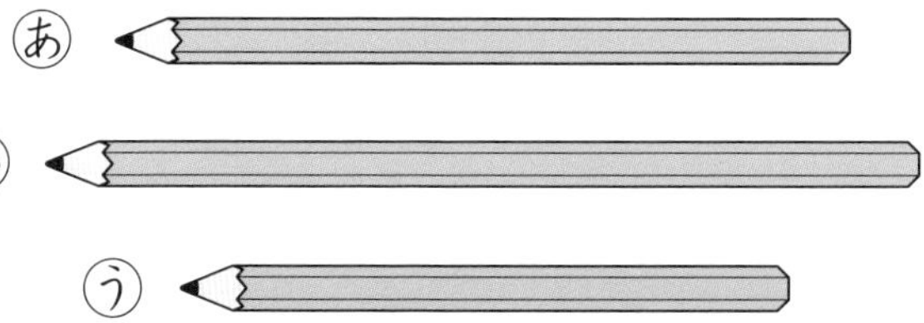

あ □
い □
う □

こたえは
72ページ

かくにん 32

月　日　10ぷん

力(ちから)だめし ②

／100てん

1 けいさんを　しましょう。　1つ5〔30てん〕

❶ 80＋10　❷ 90－30

❸ 70＋6　❹ 67－7

❺ 54＋3　❻ 39－4

2 □(しかく)に　あてはまる　＋か　－を　かきましょう。　1つ10〔20てん〕

❶ 14 □ 8＝6　❷ 2 □ 30＝32

3 とけいを　よみましょう。　1つ10〔20てん〕

❶

（　　　）

❷

（　　　）

4 ひろとさんは　まえから　7ばんめで、
ひろとさんの　うしろに　9人(にん)　ならんで　います。
みんなで　なん人　ならんで　いますか。　〔30てん〕

【しき】

こたえ □ 人

こたえは 72ページ

こたえ

1　3・4ページ

1▸ 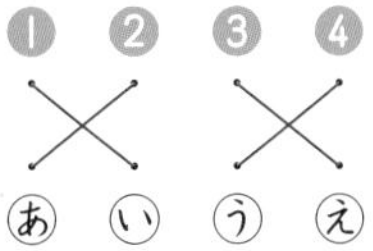

2▸ ❶ 7　❷ 1　❸ 10
❹ 9　❺ 6　❻ 8

★ ★ ★

1▸ ❶ 10　❷ 1　❸ 3
❹ 7　❺ 9

2▸ ❶ 8　❷ 2　❸ 4
❹ 6　❺ 5

2　5・6ページ

1▸ ❶ (○)(　)　❷ (　)(○)
❸ (　)(○)　❹ (○)(　)

2▸ ❶ −[1]−[2]−3
❷ −[5]−6−[7]

3▸ ❶ 2　❷ 1　❸ 0

★ ★ ★

1▸ ❶ 6　❷ 0

2▸ ❶ [0]−[1]−[2]−[3]−[4]
❷ −[6]−[7]−[8]−[9]−[10]

3▸ ❶ (○)(　)　❷ (　)(○)
❸ (　)(○)　❹ (○)(　)

3　7・8ページ

1▸ ❶ 

❷ 

2▸ ❶ 2　❷ 3　❸ 2

てびき **1**▸「まえから○ひきめ」と「まえから○ひき」のちがいを、しっかりとくべつしましょう。

★ ★ ★

1▸ ❶ 2　❷ 4、ひだり

2▸ ❶ 12　❷ 12

4　9・10ページ

1▸ ❶ 6じはん　❷ 9じ
❸ 7じ

2▸ ❶ あ　❷ い　❸ い

★ ★ ★

1▸ ❶ 11じ　❷ 7じはん
❸ 5じ　❹ 8じはん

2▸ ❶ 
❷ 
❸ 
❹ 

5　11・12ページ

1 ❶ 5　❷ 4
❸ 3　❹ 1

2
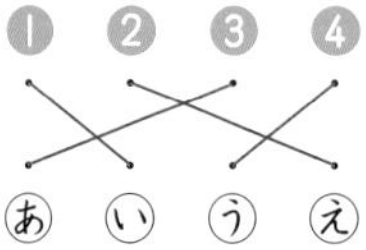

★ ★ ★

1 ❶ 2　❷ 1　❸ 5

2 ❶ [2]と[3]、[1]と[4]、[4]と[1]
❷ [8]と[1]、[4]と[5]、[3]と[6]
❸ [4]と[4]、[7]と[1]、[2]と[6]

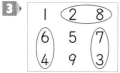

3

1	(2)	(8)
(6)	5	(7)
(4)	9	(3)

6　13・14ページ

1 ❶ 5＋2＝[7]　こたえ [7]わ
❷ 3＋[3]＝[6]　こたえ [6]こ

2 ❶ 4＋[1]＝[5]　こたえ [5]ひき
❷ [2]＋[2]＝[4]　こたえ [4]ひき
❸ [1]＋[3]＝[4]　こたえ [4]だい

★ ★ ★

1 [8]＋[2]＝[10]　こたえ [10]だい

2 [3＋4]＝[7]　こたえ [7]ひき

3 ❶ 6　❷ 9
❸ 8　❹ 5
❺ 2　❻ 9
❼ 6　❽ 10

7　15・16ページ

1 ❶ [5]＋[2]＝[7]　こたえ [7]こ
❷ [5]＋[0]＝[5]　こたえ [5]こ
❸ [0]＋[1]＝[1]　こたえ [1]こ

2
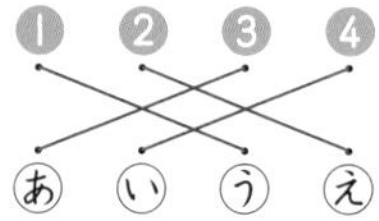

★ ★ ★

1 [4]＋[4]＝[8]　こたえ [8]ほん

2
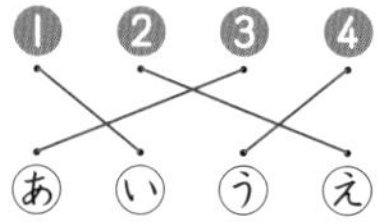

3 ❶ 7　❷ 8
❸ 6　❹ 8
❺ 9　❻ 0

8　17・18ページ

1 ❶ 3－2＝[1]　こたえ [1]ぴき
❷ 6－[4]＝[2]　こたえ [2]だい

2 [10－5]＝[5]　こたえ [5]ほん

3 ❶ 2　❷ 3
❸ 2　❹ 4
❺ 6　❻ 8

★ ★ ★

1 [9－5]＝[4]　こたえ [4]わ

2 [8－6]＝[2]　こたえ [2]ほん

3 ❶ 1　❷ 3
❸ 2　❹ 5
❺ 7　❻ 4
❼ 6　❽ 2

9　19・20ページ

1 ❶ ❷ ❸ ❹

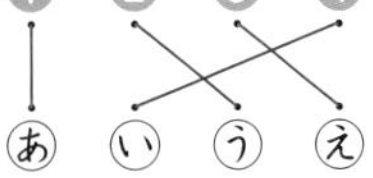

2 ❶ 2－2＝0

❷ 2－1＝1

❸ 2－0＝2

★ ★ ★

1 ❶ ❷ ❸ ❹

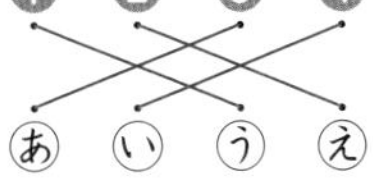

2 ㋒

3 ❶ 0　❷ 0

❸ 0　❹ 0

❺ 1　❻ 3

❼ 8　❽ 0

10　21・22ページ

1 はさみは 6 つ

じょうぎは 4 つ

6－4＝2

こたえ はさみが 2 つ おおい。

2 7－5＝2　こたえ 2 こ

3 8－5＝3　こたえ 3 つ

てびき 3 あめとケーキを、せんでむすんで、かずのちがいをたしかめましょう。

★ ★ ★

1 7－3＝4　こたえ 4 ほん

2 8－3＝5　こたえ 5 ひき

3 10－6＝4

こたえ

(2ねんせい)が 4 にん おおい。

4 ❶ 9　❷ 7

❸ 4　❹ 1

❺ 1　❻ 5

11　23・24ページ

1 ❶ 10と 5　❷ 10と 10

2 ❶ 10 と 3 で 13

❷ 10 と 6 で 16

3 ❶ 12　❷ 14

てびき 3 ❶二(に)、四(し)、六(ろく)、…と、2つずつのまとまりでかぞえましょう。

★ ★ ★

1 ❶ 11　❷ 14

2 ❶ 2　❷ 5

❸ 11　❹ 10

3 ❶ 17　❷ 20

❸ 4　❹ 19

12　25・26ページ

1 ❶ 16　❷ 14　❸ 13

2 ❶ (○)(　)　❷ (○)(　)

3 まえから 10 人

まえから 11 ばんめ

★ ★ ★

1 ❶ 17　❷ 12

❸ 3　❹ 2

2 ❶ －26－27－28－29－30

❷ －20－19－18－17－16

3 ❶ 31　❷ 26

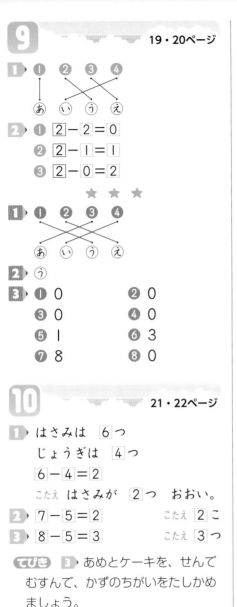

13　27・28ページ

1 ① 18　② 10

2 ① 16　② 14
③ 19　④ 15
⑤ 10　⑥ 10
⑦ 10　⑧ 10

3 12－2＝10　こたえ 10本

★ ★ ★

1 ① 19　② 14

2 ① 17　② 18
③ 15　④ 17
⑤ 12　⑥ 15
⑦ 15　⑧ 14

3
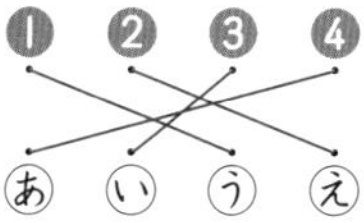

14　29・30ページ

1 ①
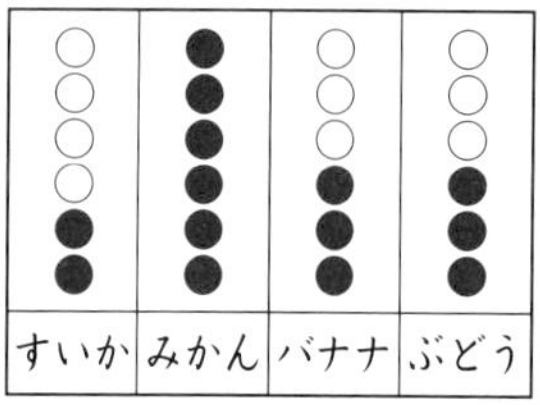

② 6
③ (バナナ)と　(ぶどう)
④ すいか

てびき **1** ①いろは、下からじゅんにぬります。

★ ★ ★

1 ①
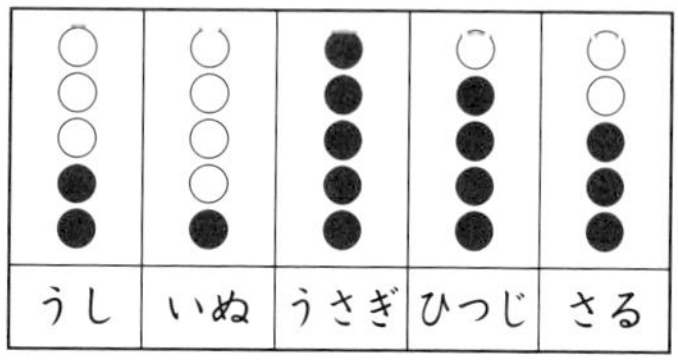

② 3　③ うさぎ
④ (ひつじ)が 3 びき　おおい。

15　31・32ページ

1 ① ㋒　② ㋐　③ ㋓
④ ㋒　⑤ ㋑　⑥ ㋐

2 ㋑

★ ★ ★

1 ①、③、④に　○

2 ① ㋑　② ㋐　③ ㋒　④ ㋑

16　33・34ページ

1 2＋4＋2＝8　こたえ 8ひき

2 10－5－3＝2　こたえ 2こ

3 ① 9　② 15　③ 2
④ 1　⑤ 2　⑥ 6
⑦ 3　⑧ 10

★ ★ ★

1 ① 8　② 12　③ 4
④ 4　⑤ 14　⑥ 15
⑦ 8　⑧ 16

2 6＋4＋3＝13　こたえ 13まい

3 8－5＋3＝6　こたえ 6本

てびき **3** ジュースを５本のんでへったのでひきざん、３本かってきてふえたのでたしざんになります。

17 35・36ページ

1 ❶ 1　❷ 1
❸ 10　❹ 14

2 9＋4＝13　こたえ 13びき

3 ❶ 11　❷ 14
❸ 11　❹ 12
❺ 14　❻ 15

てびき 3 たしざんのけいさんは、10のまとまりをつくってかんがえます。10は1と9、2と8、…。いくつといくつで10になるか、しっかりおさえましょう。

★ ★ ★

1 ❶ 12　❷ 17
❸ 16　❹ 14
❺ 18　❻ 13

2 ❶

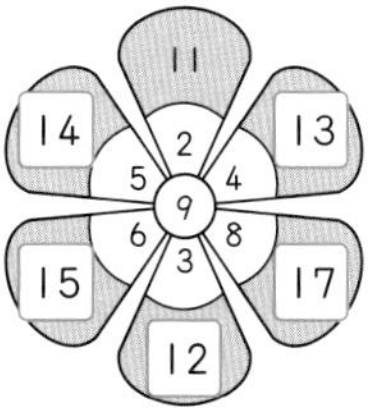

❷

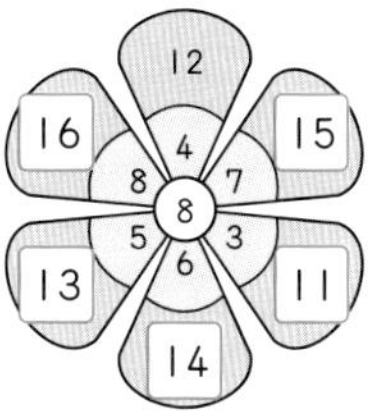

3 8＋7＝15　こたえ 15ひき

てびき 2 ❶（れい）9＋2＝11
❷（れい）8＋4＝12

18 37・38ページ

1 ❶ 12　❷ 13

2 5＋7＝12　こたえ 12人

3 ❶ 11　❷ 13
❸ 14　❹ 13
❺ 11　❻ 14
❼ 11　❽ 12

★ ★ ★

1 ❶ 12　❷ 16
❸ 15　❹ 15
❺ 13　❻ 17
❼ 16　❽ 18

2 ❶ 8　❷ 6

3 8

4 4＋7＝11　こたえ 11まい

19 39・40ページ

1 ❶ ❷ ❸ ❹

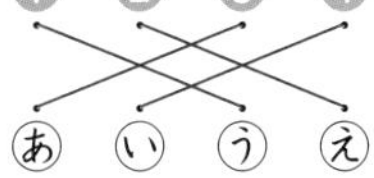

2 ㋐、㋓に ○

3 ❶（　）（○）　❷（○）（　）

★ ★ ★

1 ❶ ❷ ❸ ❹

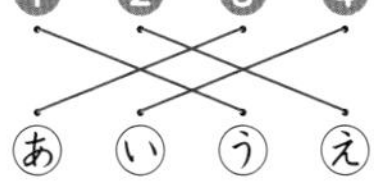

2 ❶ ㋑、㋓　❷ ㋒、㋕

3 5＋8＝13　こたえ 13びき

20　41・42ページ

1 ❶ 9　❷ 4、5

2 13−7＝6　こたえ 6こ

3 ❶ 2　❷ 6
❸ 4　❹ 5
❺ 8　❻ 9

★ ★ ★

1 ❶ 3　❷ 8
❸ 6　❹ 9
❺ 4　❻ 6
❼ 4　❽ 9

2 15−8＝7　こたえ 7人

3 14−7＝7
こたえ （いか）が 7ひき おおい。

てびき 3 ずをかいてみましょう。

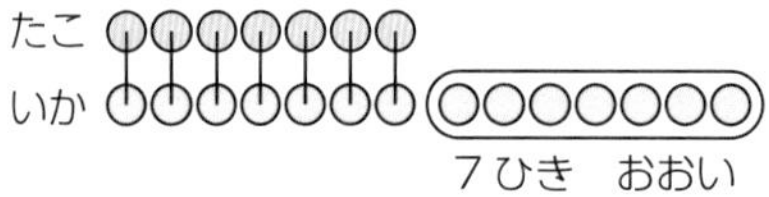

1 ❶

❷

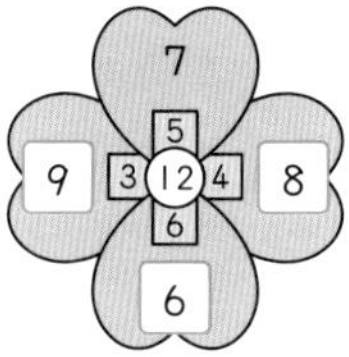

2 ❶ 5　❷ 6

3 13−6＝7
こたえ
（えんぴつ）が 7本 おおい。

てびき 2 ❶ずをかいてみましょう。
13からなんことれば、のこりが8になるかかんがえます。

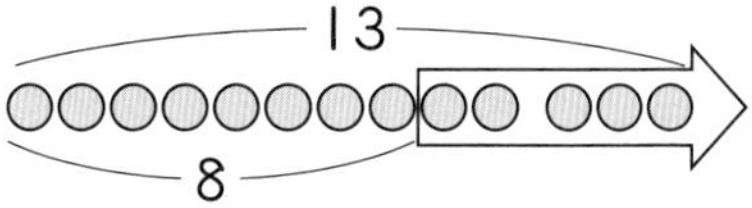

21　43・44ページ

1 ❶ 8　❷ 8

2 12−4＝8　こたえ 8こ

3 ❶ 7　❷ 9
❸ 7　❹ 8
❺ 7　❻ 6

★ ★ ★

22　45・46ページ

1

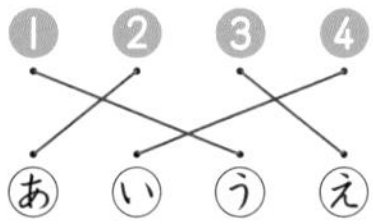

2 い、えに ○

3 ❶ （○）（　）　❷ （　）（○）

★ ★ ★

1

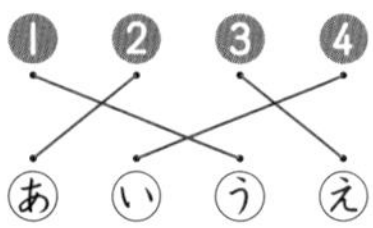

2 ❶ う、お　❷ あ、か

3 13−4＝9　こたえ 9わ

23 47・48ページ

1 ❶ ㋑ ❷ ㋒
2 ❶ ㋑ ❷ ㋐
3 ㋐

★ ★ ★

1 ❶ ㋐ 8 ㋑ 6 ㋒ 7
❷ ㋐、2
2 ❶ よこ ❷ たて
3 ㋑→㋐→㋓→㋒

24 49・50ページ

1 ❶ ㋑ ❷ ㋑
2 ❶ ゆうか ❷ だいき

★ ★ ★

1 ❶ ㋐ 7 ㋑ 8 ㋒ 9
❷ ㋒
2 ㋑→㋒→㋓→㋐

25 51・52ページ

1 ❶ 3、7、37
❷ 4、2、42
2 ❶ 5、53 ❷ 10、5
❸ 8、2

★ ★ ★

1 ❶ 47 ❷ 65
2 ❶ 90 ❷ 4、6 ❸ 83
3 ❶ 6 ❷ 70 ❸ 84

26 53・54ページ

1 ❶ 55 ❷ 73
❸ 89 ❹ 102
2 ❶ 76 ❷ 82
3 ❶ 104 ❷ 117
4 ❶ ㋑ ❷ ㋐

★ ★ ★

1 121
2 ❶ 99 ❷ 123 ❸ 100
3 ❶ ㋐ ❷ ㋑
4 ❶ −103−102−[101]−[100]
−99−[98]−
❷ −70−[80]−90−100
−[110]−[120]−
❸ −85−[90]−95−100
−[105]−[110]−

27 55・56ページ

1 ❶ 80 ❷ 30
2 ❶ [42]＋[5]＝[47]
❷ [58]−[4]＝[54]
3 ❶ 60 ❷ 100 ❸ 36
❹ 76 ❺ 30 ❻ 80
❼ 82 ❽ 70

★ ★ ★

1 40＋10＝50 こたえ [50]本
2 52−2＝50 こたえ [50]こ
3 ❶ 100 ❷ 70 ❸ 68
❹ 88 ❺ 39 ❻ 50
❼ 10 ❽ 41 ❾ 95
❿ 50

28 57・58ページ

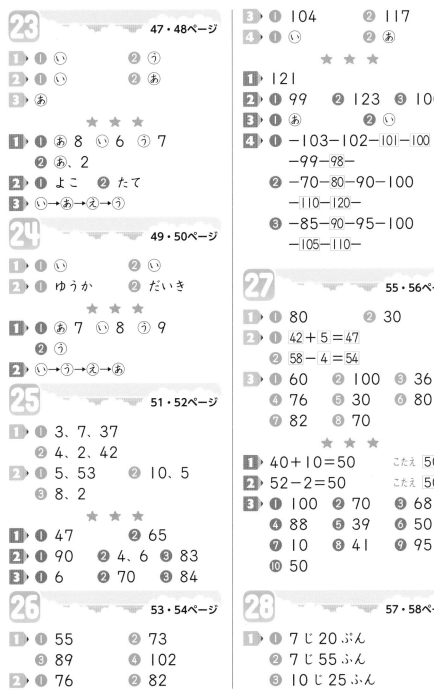

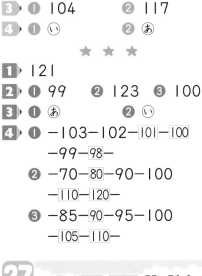

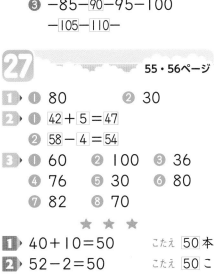

1 ❶ 7じ20ぷん
❷ 7じ55ふん
❸ 10じ25ふん

2▸ ❶ ❷

てびき 1▸ 大きいめもりは５ふんごとにあることを、しっかりとおさえましょう。

★ ★ ★

1▸ ❶ １じ36ぷん　❷ ４じ２ふん

2▸ ❶ ❷

3▸ ❶ ❷ ❸

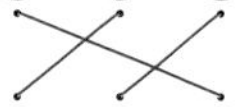

Ⓐあ　Ⓐい　Ⓐう

てびき 1▸ １めもりは１ぷんをあらわしています。

29　59・60ページ

1▸ 5、【しき】5＋4＝9　こたえ 9 人

2▸ 6、【しき】9－6＝3　こたえ 3 人

3▸ 3、【しき】7＋3＝10　こたえ 10 こ

★ ★ ★

1▸ 【しき】8－3＝5　こたえ 5 ばんめ

2▸ 3、【しき】6＋3＝9　こたえ 9 本

3▸ 1、【しき】7－1＝6　こたえ 6 こ

30　61・62ページ

1▸ ❶ 2　❷ 4　❸ 4　❹ 6

2▸ あが 2 まい　いが 1 まい　うが 3 まい

★ ★ ★

1▸ う→い→あ

2▸

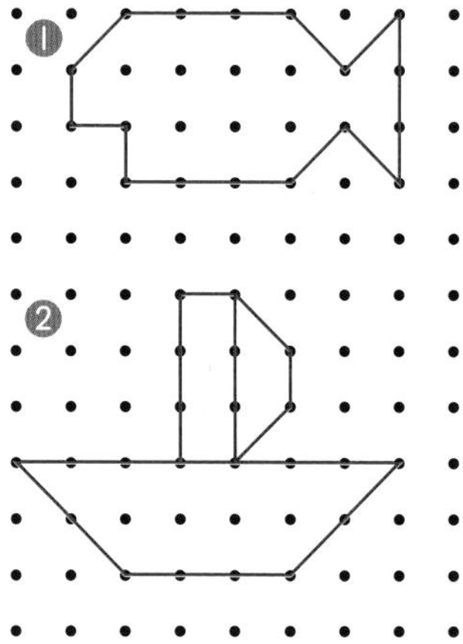

31　63ページ

1▸ ❶ 15　❷ 15　❸ 6　❹ 8　❺ 2　❻ 8

2▸ ❶ （○）（　）　❷ （　）（○）

3▸ ❶ 95　❷ 105　❸ 115

4▸ あ 2　い 1　う 3

32　64ページ

1▸ ❶ 90　❷ 60　❸ 76　❹ 60　❺ 57　❻ 35

2▸ ❶ －　❷ ＋

3▸ ❶ 11じ23ぷん　❷ 5じ44ぷん

4▸ 7＋9＝16　こたえ 16 人

てびき 4▸

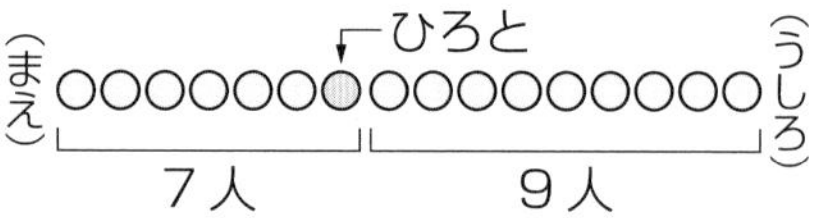

3 2 1 0 9 8 7 6 5 4
* * D C B A